Coffee

Coffee

咖啡沖煮大全

咖啡職人的零失敗手沖祕笈

作者：林蔓禎
攝影：楊志雄

COFFEE

咖啡沖煮大全
咖啡職人的零失敗手沖祕笈

作　　者　林蔓禎
攝　　影　楊志雄
編　　輯　邱昌昊
美術設計　劉錦堂、吳怡嫻

發 行 人　程顯灝
總 編 輯　呂增娣
主　　編　徐詩淵
編　　輯　鍾宜芳、吳雅芳
美術主編　劉錦堂
美術編輯　吳靖玟、劉庭安
行銷總監　呂增慧
行銷企劃　謝儀方、吳孟蓉

發 行 部　侯莉莉
財 務 部　許麗娟、陳美齡
印　　務　許丁財
出 版 者　四塊玉文創有限公司

總 代 理　三友圖書有限公司
地　　址　106台北市安和路2段213號4樓
電　　話　(02) 2377-4155
傳　　真　(02) 2377-4355
E - m a i l　service@sanyau.com.tw
郵政劃撥　05844889 三友圖書有限公司

總 經 銷　大和書報圖書股份有限公司
地　　址　新北市新莊區五工五路2號
電　　話　(02) 8990-2588
傳　　真　(02) 2299-7900
製版印刷　卡樂彩色製版印刷有限公司

初版一刷　2016年04月
一版二刷　2019年06月
定　　價　新台幣350元
I S B N　978-986-5661-69-4 (平裝)

國家圖書館出版品預行編目(CIP)資料

咖啡沖煮大全：咖啡職人的零失敗手沖祕笈
/ 林蔓禎著. -- 初版. – 台北市：四塊玉文創,
2016.04　面；　公分
ISBN 978-986-5661-69-4(平裝)

1.咖啡
427.42　　　　　　　　　　　105004933

SAN YAU
http://www.ju-zi.com.tw
三友圖書
友直 友諒 友多聞

目錄 CONTENTS

Chapter 1 沖煮方法

目錄 CONTENTS

推薦序
踏入精品咖啡的世界，
才感受到自身的渺小

「第三波咖啡革命」是近年來最多咖啡人掛在嘴邊的話題，大家的焦點往往在手工器具與特殊產區上打轉。但是不要忘了，精品咖啡的精髓是從「種子到杯子」，指的是咖啡必須從開始的種植，到最後的沖煮方式，每一環節都必須嚴謹對待。所以，能夠在這個行業裡占有一席之地的達人們，也都熟悉這個道理，透過各前輩無私地拿出看家本領，是這本書最難得的一件事。

書中除了介紹達人使用自己拿手咖啡器具的技巧外，也詳細的記錄各個沖泡的條件。若是熟悉萃取理論的人，更可以了解到：不同的達人對於咖啡的濃度與萃取率，也有著極大的差異性。因此在學習模仿這些達人的手工器具沖煮方式前，也希望讀者能先了解：為什麼會用這樣的條件沖煮，它的目的是甚麼。

畢竟，這關係到一家咖啡館要如何做出一杯令顧客滿意的咖啡。因為每一種沖煮方式都必須回歸到人的喜好設定，所以不同風格的咖啡達人，自然會吸引到不同的消費族群，每種方式都不會有絕對的「是」與「非」。只要你能夠洞悉咖啡萃取的本質，充分了解達人的目的，再內化成自己的技能與知識，相信您也能夠發展出自己獨特風格的沖煮方式。

劉家維

自序

只想沖杯好咖啡

　　提起喝咖啡的歷史，若將歐洲比做睿智優雅的長者，台灣就是個活力充沛、青春孟浪的青年。我永遠忘不了十多年前在維也納百年咖啡館內啜飲黑咖啡的記憶：典雅的裝潢、古老的沖煮器具、順喉潤口的香醇滋味，在在透出文化的氛圍與歷史況味。在歐洲，這樣的咖啡環境比比皆是。而台灣，喝咖啡的文化雖僅數十年，但在世界潮流帶動之下，早已深化到日常生活之中，成為時尚的表徵。民眾也愈來愈在意咖啡的品質與沖煮方式，甚至開始嘗試在家自己沖煮咖啡。

　　想沖杯好咖啡，關鍵因素有哪些？豆子品質、沖煮技巧、器具選擇等，要件很多。而根據歐洲精品咖啡協會（SCAE）的「金杯理論」（Gold Cup），沖煮一杯好的咖啡，必備四個重要參數，包含：粉水比、研磨粗細、水溫與沖煮時間。只要掌握這四項，不論使用何種沖煮器具，都能做出水準以上的咖啡。當然，咖啡好不好喝相當主觀，有人為深焙的焦糖甜苦味所著迷，也有人對清淡中帶著果酸香氣的極淺焙咖啡情有獨鍾，沒有絕對的標準可循。

　　坊間咖啡相關書籍已多不勝數，因此本書鎖定「沖煮」領域，不但詳細介紹各種沖煮器具的原理、技巧與手法，並由大師級的咖啡職人親自示範、解說。此外，書中更利用儀器實際測出濃度，提供精算的「萃取率」，讓初學者能在科學數據的輔助下，保持穩定萃取的品質。其後的「職人小傳」與「咖啡職人的咖啡館」單元，則讓讀者了解咖啡師歷經千錘百鍊的養成過程，以及經營咖啡館的背後甘苦與不為人知的動人故事。

　　衷心感謝《咖啡聖經》作者劉家維與4Mano Caffé 咖啡師侯國全的推薦，讓本書更具質與量。更要感謝職人無私的分享，在一次次的完美沖煮中，我看到的不僅是他們專業純熟的技法、專注的自我訓練，更多的是敬業的精神與態度。藉由出書，可近距離親炙大師風采，並重新認識咖啡、了解咖啡，進而品嘗咖啡、領略咖啡，實是一大幸事。

　　咖啡是果實，是飲料，也是經濟。喝咖啡是習慣，是文化，更是一種生活的態度。若您願意按書中步驟親自嘗試，假以時日，必能發揮巧思與創意，改變配方或參數，調製成獨一無二的私房飲品，並充分體會在家沖煮咖啡的自在與樂趣。

林蔓禎

本書使用說明

沖煮步驟示範

清楚的步驟圖

豆種簡述

職人沖煮
數據

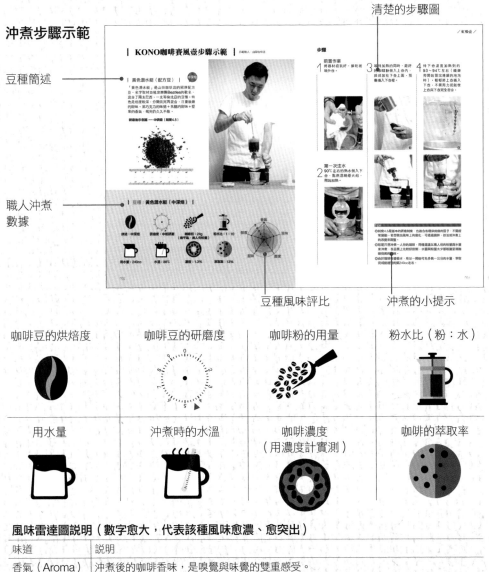

豆種風味評比

沖煮的小提示

咖啡豆的烘焙度	咖啡豆的研磨度	咖啡粉的用量	粉水比（粉：水）
用水量	沖煮時的水溫	咖啡濃度 （用濃度計實測）	咖啡的萃取率

風味雷達圖說明（數字愈大，代表該種風味愈濃、愈突出）

味道	說明
香氣（Aroma）	沖煮後的咖啡香味，是嗅覺與味覺的雙重感受。
酸度（Acidity）	分布於舌頭後側的味覺，形容一種清爽、明亮、乾淨的感受，會為咖啡帶來更豐富的層次。通常淺焙的咖啡豆酸度會較明顯。
苦味（Bitter）	受豆種、產區、咖啡因、烘焙度與萃取時間等因素影響。深焙的豆子表現較為明顯。
醇度（Body）	指咖啡在口中的濃稠感，種類從清淡、中度、深度，到如糖漿、牛奶般的濃稠。
甜味（Sweet）	形容咖啡入口之後，回甘轉甜的美妙感受。類似喝茶或飲酒，喝下後不僅口腔裡尚有餘味，甚至還會回甘，餘韻無窮。

Tips

書中的濃度與萃取率為職人示範時的沖煮數據，僅供讀者參考，不一定符合個人口味。職人皆建議在熟悉器材使用方法後，可試著調整相關參數，找出最適合自己的沖煮方式。

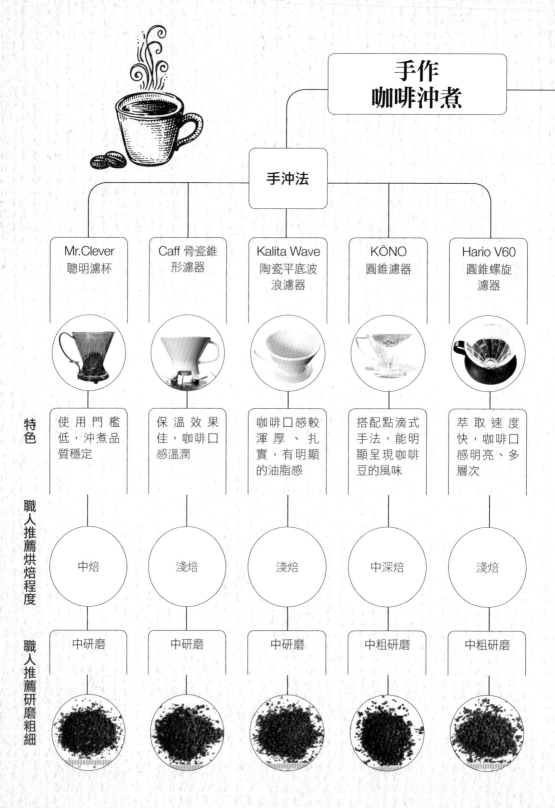

手作
咖啡沖煮

手沖法

	Mr.Clever 聰明濾杯	Caff 骨瓷錐 形濾器	Kalita Wave 陶瓷平底波 浪濾器	KŌNO 圓錐濾器	Hario V60 圓錐螺旋 濾器
特色	使用門檻低，沖煮品質穩定	保溫效果佳，咖啡口感溫潤	咖啡口感較渾厚、扎實，有明顯的油脂感	搭配點滴式手法，能明顯呈現咖啡豆的風味	萃取速度快，咖啡口感明亮、多層次
職人推薦烘焙程度	中焙	淺焙	淺焙	中深焙	淺焙
職人推薦研磨粗細	中研磨	中研磨	中研磨	中粗研磨	中粗研磨

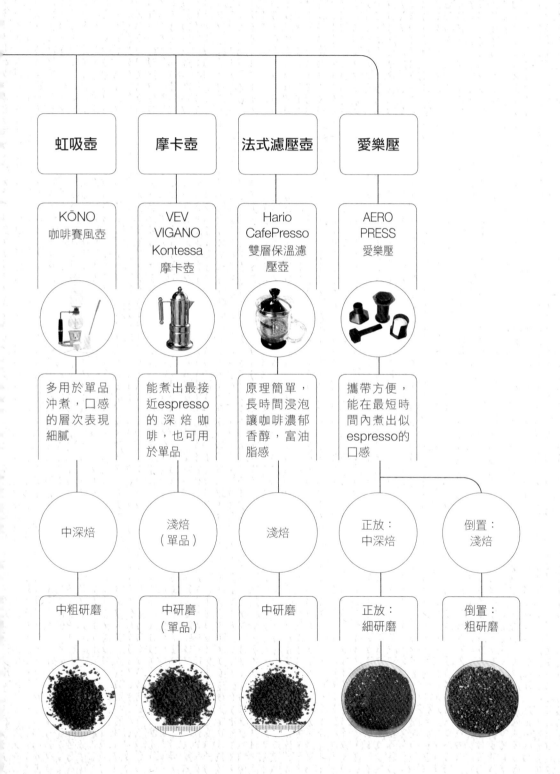

虹吸壺

摩卡壺

法式濾壓壺

愛樂壓

KŌNO
咖啡賽風壺

VEV
VIGANO
Kontessa
摩卡壺

Hario
CafePresso
雙層保溫濾
壓壺

AERO
PRESS
愛樂壓

多用於單品
沖煮，口感
的層次表現
細膩

能煮出最接
近espresso
的深焙咖
啡，也可用
於單品

原理簡單，
長時間浸泡
讓咖啡濃郁
香醇，富油
脂感

攜帶方便，
能在最短時
間內煮出似
espresso的
口感

中深焙

淺焙
（單品）

淺焙

正放：
中深焙

倒置：
淺焙

中粗研磨

中研磨
（單品）

中研磨

正放：
細研磨

倒置：
粗研磨

常見的咖啡沖煮方式
咖啡沖煮大賽指定的手作沖煮

本書將針對以下5大類常見的咖啡沖煮法，分門別類地介紹並示範沖煮流程。

手沖法──重力滴濾

（Hand-Drip-Brewing或Pour-Over）

　　手沖法是風行多年、普及率最高，且操作方便的沖煮方式之一。不論居家或在辦公室，只要準備一個濾器（濾杯）與一只手沖壺，就能沖杯咖啡，為忙碌的生活增添些許變化與活力。

　　手沖看似容易，其實技巧繁複，搭配不同構造的濾器與手沖壺，沖煮方式也有差異，並呈現出不同的風味與口感。本單元將依序分享聰明濾杯、Caff、Kalita Wave、KŌNO與Hario V60等5種手沖濾器和沖煮方式，讓您在家沖煮，也能輕鬆上手、快速入門。

手沖壺

手沖濾杯

虹吸壺──蒸餾浸濾

（Siphon coffee maker或Vacuum coffee maker）

　　虹吸壺，最早起源於1830年代左右的德國，是利用熱水加熱至沸騰時產生的壓力來沖煮咖啡的器具，英文Siphon就是「虹吸」的意思，所以稱為「虹吸壺」或「賽風壺」。

直立式虹吸壺

虹吸壺歷經近兩百年來的淬鍊，儘管在外型、設計上有所變化，但在咖啡沖煮領域上始終有其一席之地。典雅透明的玻璃、立體流線的造型，既古典又現代，既神祕又新奇，揉合浪漫與科技的元素，是許多人對咖啡的集體記憶。每當開始沖煮時，像是進行某種儀式，優雅而慎重；當下壺的熱水因溫度提高而上升至上壺，與細黑的咖啡粉末相互交融、合為一體時，讓人心中充滿無限的敬意！

雖然曾因為義式咖啡機的問世受到衝擊，但隨著近年由精品咖啡界帶動的第三波咖啡浪潮，虹吸壺的地位再度抬頭，幾乎每一家精品咖啡店都能見到它的蹤跡。

比利時壺，也稱平衡式虹吸壺
（圖片提供：禧龍企業）

摩卡壺——蒸餾加壓

（Moka Pot）

摩卡壺，也稱為義大利咖啡壺。1933年，義大利人Alfonso Bialetti發明了全世界第一只摩卡壺，首款鋁合金材質、獨特八角造型的摩卡壺就此誕生，至今仍是許多義大利人喜愛的咖啡沖煮器。

摩卡壺擁有特殊的上、中、下（上壺、濾器、下壺）三層結構，是利用熱水接近沸騰時的壓力來烹煮咖啡的沖煮器，原理與虹吸壺類似。

摩卡壺

法式濾壓壺——浸濾加壓

（French Press）

法式濾壓壺是歐洲常見的咖啡沖煮器具，由於操作簡易又不占空間，非常適合生活步調匆忙快速的都市人使用。透過充分的浸泡，加上過濾的效果，就能萃取出一杯口感濃郁、味道香醇的咖啡。

由於其特別的濾壓方式，沖煮出來的咖啡會帶有些許的咖啡渣，口感相對粗獷厚實，不見得每個人都能接受。為改善此一現象，本書示範沖煮的咖啡師將分享他個人的改良版沖泡方式，細節將於「法式濾壓篇」中完整介紹。

法式濾壓壺

愛樂壓——浸濾加壓

（AeroPress）

愛樂壓是創新型的咖啡沖煮器具，其原始設計理念與功能為「外出型的咖啡沖煮器」，產品外包裝上「espresso maker」的字樣，即說明了愛樂壓就是以「替代義式咖啡機」的構想為主軸所開發出來的產品。它結合了手沖的滴漏、濾壓式的浸泡以及義式咖啡機的加壓特性，不但能夠做出口感濃郁好喝的咖啡，與義式咖啡機做出來的成品相比，近似度更高達九成以上。

愛樂壓

基本器具介紹
工欲善其事，必先利其器

想沖煮出一杯好咖啡，得先對各種器材有基本概念，才能以最輕鬆愉快的心情，沖出咖啡的好滋味。

┃ 磨豆機 ┃ 主要以刀盤的形式來分類，一般可分為平刀式、錐刀式與鬼齒式三種。

平刀式刀盤

以「削」為概念，磨出來的咖啡顆粒偏片狀，沖煮時，和水接觸的面積比較大，能使可溶性物質快速溶解於水中、加速萃取速度，缺點是也比較容易出現萃取過度的情形。

錐刀式刀盤

以「碾」為概念，磨出來的咖啡呈顆粒狀，但厚度變厚，因此萃取速度較慢，也必須花較多時間才能讓內部吸得到水。

鬼齒式刀盤

結合平刀與錐刀的特點所開發出的新式刀盤。磨出來的咖啡顆粒呈橢圓形，兼顧平刀吸水面積較大與錐刀體積的優勢，同時還能改善平刀易萃取過度、錐刀萃取較慢的缺點，截長補短，目前使用者已愈來愈多。

過篩器

咖啡豆經過研磨後，可能產生過於細碎的顆粒，即「細粉」。由於細粉顆粒小，萃取速度快，沖煮過程中容易造成過度萃取，釋出雜味、澀味，影響口感。這時可先用過篩器篩除細粉後，再行沖煮。

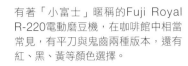

有著「小富士」暱稱的Fuji Royal R-220電動磨豆機,在咖啡館中相當常見,有平刀與鬼齒兩種版本,還有紅、黑、黃等顏色選擇。

R-220另有與KŌNO合作的特仕版,採用平刀式刀盤。

Mahlkönig EK 43磨豆機(刀盤尺寸:98mm),是近年世界咖啡師大賽的指定贊助機種,亦是平刀設計。因其磨出顆粒極為均勻,備受專業咖啡師青睞,但價格也相對貴上許多。

▎ 電子秤 ▎ 目前最常見的電子秤有兩種：

專業計時電子秤（觸控式按鍵）

　　因應全球手沖咖啡風潮而生的新型電子秤，同時具備了秤重與計時器的功能，螢幕數字顯示清晰，搭配觸控式按鍵，兼具設計感與實用功能。部分產品更能與智慧型手機搭配，記錄沖煮時的注水變化。測重上限2至3Kg，視廠牌及型號而定。

Digital Scale電子磅秤

　　與傳統料理用磅秤類似，但測量數據更精確，部分產品的測量值甚至可達小數點後第二位；雖然在功能性上，或不及咖啡專用的計時電子秤，但仍然合用。測重上限2至10Kg不等，視廠牌及型號而定。

計時器

如果家裡的電子秤上缺乏計時功能，也可以另外搭配碼表或計時器來計算沖煮時間。

Acaia Pearl手沖專用電子秤，簡潔純白造型，並附黑色隔熱墊。左右有觸控式按鈕，中間則有LED顯示器。另外，也可與手機APP連線搭配使用，以記錄沖煮過程中的各項數據。測重上限2Kg。

BONAVITA實驗室級電子秤，能在一毫秒內精確反映重量，也附有計時功能。測重上限3Kg。

Hario V60專用電子秤，也能同時計算重量與時間。測重上限2Kg。

｜ 溫度計 ｜

可以更精確的了解溫度的變因。常見的有指針式與數位式兩種。指針式的使用率較高，數位式溫度計能隨時切換攝氏與華氏溫度，快速顯示、清晰易見。

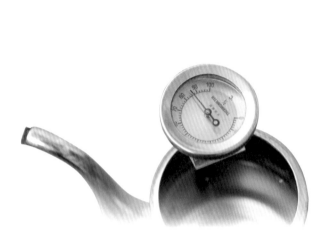

指針式溫度計。

數位式溫度計。

萃取率的計算　通過濃度計測得濃度後，即可用粉量、水量、咖啡成品重量、濃度等四個數據來計算萃取率，而以滴濾為主的手沖法，計算方式又與以浸泡為主的虹吸壺、法式濾壓、愛樂壓等有所不同。

一、手沖法的計算方式：

$$萃取率 = \frac{咖啡成品重量（cc）× 濃度}{咖啡粉量（g）}$$

舉例來說，使用手沖濾杯，以20g的粉量、沖煮出250cc的咖啡，濃度1.5%，算式就會是250 × 0.015 ÷ 20＝0.1875，萃取率即等於18.75%。

┃ 咖啡量匙 ┃

可以取代電子秤的方便工具。常見容量有
8g、10g與15g。

┃ 濃度計 ┃

一般而言，粉水比愈低的咖啡口感愈濃，
濃度愈高。相反的，粉水比愈高的咖啡愈
淡，濃度也愈低。運用濃度計，就可取得
科學的數據，計算出咖啡的萃取率，讓每
一杯咖啡的沖煮都能更加精確。

咖啡量匙

VST咖啡濃度計，可精
確測量至小數點後第
二位，並可搭配專屬
APP，數據化呈現濃
度、萃取率與粉水比。

二、浸泡法的計算方式：

$$萃取率 = \frac{沖煮用水量（cc）\times 濃度}{咖啡粉量（g）}$$

舉例來說，使用虹吸壺，以20g的粉量、使用280cc的水沖煮，
濃度1.5%，算式就會是280 × 0.015 ÷ 20＝0.21，萃取率即
等於21%。

Chapter 1
沖煮方法

職人 **莊宏彰**

示範 摩卡壺

2008、2009年台北創意咖啡大賽冠軍、2010年亞洲義式咖啡大賽總冠軍與創意咖啡冠軍。曾任王品曼咖啡研發部副理,現任Come True Coffee總監、沖煮訓練講師。

職人 **簡嘉程**

示範 法式濾壓

2010年台北創意咖啡大賽冠軍、2011年世界盃咖啡大師台灣區選拔賽冠軍、2014哈爾濱國際咖啡師邀請賽冠軍、2015年世界虹吸咖啡台灣區選拔賽冠軍、2015年世界虹吸咖啡競賽第三名。現為Jim's Burger & Café、Coffee88、Peace & Love等店老闆、咖啡師與烘豆師。

職人 **鍾志廷**

示範 聰明濾杯

2014WCE世界盃拉花大賽台灣選拔賽冠軍、2015WCE世界盃沖煮與拉花大賽台灣選拔賽亞軍。現於矗品咖啡擔任咖啡師。

職人 **黃吉駿**

示範 Caff骨瓷錐形濾器
　　 Kalita平底波浪濾器

2014WCE世界盃沖煮大賽台灣選拔賽第六名。現為Single Origin espresso & roast烘豆師、咖啡師。

職人 **山田珈琲店**

示範 KŌNO錐型濾器
　　 虹吸壺

經營KŌNO咖啡器具、咖啡豆販賣。KŌNO沖煮講座。

職人 **葉世煌**

示範 HarioV60錐形濾器

曾任職真鍋咖啡研發部、台中胡同咖啡。現為咖啡葉負責人、烘豆師、咖啡師。

度的掌握等，往往都是學問。

PART 1

手沖篇

手沖的基本原理
走進手沖咖啡的世界

手沖咖啡顧名思義，是以「沖」（注水）為主的手法，加上「浸泡」及最後「過濾」的程序，完成萃取過程。不同構造的手沖濾器，在過程中也各有偏重，舉例來說：錐形濾器（如 Hario V60）因為是倒三角形的形狀，需要較大沖力去翻動底層咖啡粉，因此較偏重在「沖」的部分（KŌNO 錐形濾器則例外，因其採用特殊的點滴手法，重點反而是「濾過」）；平底與梯形濾器則偏重「浸泡」，用水去浸泡咖啡粉。但咖啡師仍可能尋求不同的沖法，以創造獨特的差異性與咖啡風味。

| 濾器形狀的影響 |

錐形濾器

平底、梯形濾器

*出水孔大，下方沒有平底滯留水分，水直接流入下壺。

*出水孔小，平底的設計易使水分滯留，增加了浸泡時間。

｜「悶蒸」對咖啡萃取的影響 ｜

咖啡沖煮時的「萃取」，泛指將咖啡豆（粉）中的物質溶解出來的整個過程。而手沖注水過程中的「悶蒸」，在萃取過程中有著重要的影響，不可不知。

悶蒸

　　所謂「悶蒸」，是指前段注水時，高溫的水進入咖啡粉內孔隙，使其中氣體排出，以利後續萃取的過程。在悶蒸的過程中，一方面熱水慢慢滲入咖啡粉中排出空氣，同時空氣也受熱而膨脹，並形成表面粉層微微鼓起的膨脹狀態。在膨脹到最頂點時，也達到溫度的平衡，接下來則因為空氣的冷縮，將多餘的水分往咖啡粉內吸。當看到表面乾燥出現裂痕時，就是第二次注水的時間點。

｜ 悶蒸原理示意圖 ｜

注水，熱水與咖啡粉接觸

⬇ （空氣排出形成泡沫，使咖啡粉表面鼓起）

咖啡粉內的空氣遇熱膨脹

⬇ （膨脹停止，並逐漸消退）

表層咖啡粉冷卻，開始收縮，吸入水分

⬇

水分得以進入咖啡粉中，溶解咖啡中物質

完成萃取

　　在悶蒸靜置後，再次注水時，由於新注入的水咖啡濃度較低，但咖啡粉裡面則留有悶蒸時產生的較高濃度咖啡液，透過擴散作用造成濃度轉移，帶出咖啡粉中的物質，就完成了「萃取」。

　　除了濃度的轉移，另一方面也是利用水流的衝擊，來將剩餘的空氣排出。但實際的沖泡過程中，很難悶蒸到完全沒有空氣，而適度保留少許空氣，有時反而能影響咖啡成分的釋放，讓層次集中或是拉開。

｜ 完成萃取原理示意圖 ｜

悶蒸完成後再次注水

新注的水濃度低，咖啡粉內的水濃度高

產生擴散作用，平衡了咖啡粉內外水分的濃度

濃度平衡的過程中，帶出了咖啡的風味

｜ 擴散作用示意圖 ｜

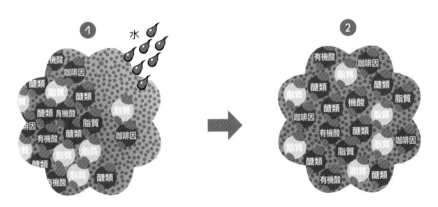

＊咖啡粉內經過悶蒸，溶解出許多咖啡物質（包含有機酸、醣類、脂質與咖啡因等分子），濃度較高（如圖1左側）；新注入的水（圖1右側）因剛接觸咖啡粉，溶解的物質少，濃度較低。

＊而擴散作用，即是指分子會從高濃度區域向低濃度區域傳播，逐漸達到平衡狀態的現象（如圖2所示）。如此一來，原先藏在咖啡粉裡的物質也就被帶出來了。

萃取均勻VS.萃取不均

手沖咖啡有技術性的問題，以相同的沖煮器具來說，技術好的話，可以把咖啡的味道完全萃取出來。如果豆子狀況不佳，不妨以「前段萃取」來彌補成品的風味。

萃取均勻

吸了水的咖啡粉重量會變重，並且下沉形成過濾層，咖啡粉經過這個過濾層就會把味道帶出。萃取均勻的咖啡，咖啡壁（濾紙邊緣的咖啡粉層）薄，咖啡液的顏色飽和、澄澈，呈琥珀色，口感飽滿、層次豐富，有甘醇的餘韻，前段香氣、中段口感與尾段韻味都很平衡。因為咖啡粉吸飽水分後密度變高、產生重量，所以會沉澱下來，浮在表面的是綿密的泡沫。

萃取完全的情況下，所有咖啡粉都充分浸泡，殘留的咖啡粉壁薄。

萃取不均

如果咖啡主要風味沒萃取出來，咖啡壁會比萃取完全的情形厚很多，代表有較多的咖啡沒有下沉，而是浮在表面，甚至有殘留的粉。咖啡液顏色呈現沉墜感，口感平乏、單薄；由於味道釋放不完全，喝起來偏淡，帶有水澀雜味。這時雖然可以再次注水，將浮在上面的咖啡粉往下施壓，稍做彌補，但原本也許預估200cc的萃取量，卻因多注水而跟著增加，風味可能因此跑掉更多，濃度也不盡理想。

萃取程度的操作手法

條件	增加萃取效果	降低萃取效果
水溫	提高	降低
咖啡粉粗細	細研磨	粗研磨
咖啡粉多寡（水量固定）	減少咖啡粉用量	增加咖啡粉用量
水流速度	減慢	加快
萃取時間	加長	縮短

＊本表僅在其他變因固定的的情況下有效。

前段萃取的沖煮法

通常豆子品質不理想時，就適合以前段萃取的方式來修正；若完全萃取，反而會帶出來更多不好的味道。此時只要縮短悶蒸的時間，只萃取前段好的成分，避免後段雜澀味出現，就能提高口感的醇厚度。

豆子品質不佳時，就用前段萃取來彌補吧！

手沖專用器材介紹
簡單，卻又充滿變化

手沖法使用的器材並不複雜，但隨著時代的演進，以及廠商和咖啡師們的積極研究，各種器材都極富變化，相當有趣。

| 手沖壺 |

不同廠牌或構造的手沖壺，都有著自己的特性，影響著注水過程的成敗，不可不知。

壺嘴設計

手沖壺最主要的差異，是藉由不同粗細的壺頸與壺嘴大小的設計，來表現不同的沖煮手法，進而展現出咖啡不同的風味，關鍵就在於壺頸設計的粗細，以及壺嘴的大小與彎曲程度。以種類而言，可概分為以下三種：

一、細口壺：最適合初學者使用。因為壺嘴開口小，較能固定水流強度，不會忽大忽小，力道較好控制。

二、寬口壺：適合操作嫻熟者使用。因開口寬、出水的水柱大，力道不易拿捏。然而在水流大小上有著較多的變化，可以透過改變注水手法，營造不一樣的風味。

三、鶴嘴壺：因壺嘴彎曲的角度狀似鶴嘴而得名。搭配壺頸囊狀空間的設計，沖水時能夠產生較大的沖力，貫穿厚的咖啡粉層，達到翻動底部粉層的目的，能更精準的在沖煮咖啡時做出水流的變化。

壺身材質

常見的壺身材質也有三種：不鏽鋼、琺瑯、銅製。不鏽鋼最常見，好保養。琺瑯特別美觀，然不宜用電磁爐加熱。而銅製的導熱性佳，但容易有生鏽的問題，用完需擦乾，保持乾燥。

🖤 水流力道的影響

有些咖啡在沖煮時需要變換水流大小，來營造不一樣的風味，所以對於操作習慣的人來說，使用寬口壺或鶴嘴壺反而比較好變化水流的力道與大小。

舉例來說，注水時水流細柔，就像是在「推」咖啡粉，沖出的咖啡口味相對清淡；若水流強烈，則是「打」咖啡粉，咖啡的風味也隨之變強，這與咖啡粉翻滾受力的程度有關，味道自然不同。

| 壺嘴種類 | | 壺身材質 |

細口壺

＊壺嘴開口小，水流相對穩定，不會忽大忽
小，力道也好控制，適合初學者。但加大
水柱時力道較強勁。

不鏽鋼

優點 好保養，不易生鏽，使用率最高。
缺點 無明顯缺點。

寬口壺

＊壺嘴開口大，出水的水柱也較大，力道不
易控制，適合操作嫻熟者使用。

琺瑯

優點 美觀的外型與色澤，賞心悅目。
缺點 容易因碰撞而毀損，且不宜使用電磁
爐加熱。

鶴嘴壺

＊因壺嘴彎曲角度狀似鶴嘴而得名。特色是
能在沖煮過程中精準做出水流變化，產生
足夠的水壓與沖力，貫穿厚的咖啡粉層，
達到翻動底部粉層的目的。

銅製

優點 質感別致，蓄熱效果佳。
缺點 容易因碰撞而變形，且易生鏽，使用
後應立即擦乾。

┃ 濾器 ┃

想要沖一杯好咖啡，就得先了解濾器的構造與特色，才能找出最適合自己的「沖煮神器」。

常見基本構造

濾器也稱為過濾器或濾杯，而手沖濾器通常分為錐形、平底與梯形三大類；以下便是這三種常見濾器的說明與介紹。

┃ 梯形（扇形）濾器 ┃

多為單孔或三孔設計。出水孔徑小，沖煮時流速較慢，咖啡味道也較厚實。但也因此容易過度萃取，導致苦澀味道明顯。

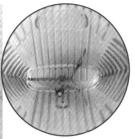

Melitta 1x1梯形濾器，經典的單孔設計。

┃ 錐形濾器 ┃

倒三角形設計，使粉與水接觸的面積較不規則，加上出水孔徑大，流速快，咖啡粉容易匯集在中央，而有萃取不均或不足的情況，較需要借重注水技巧。

Hario V60是錐形濾杯代表。大孔徑出水孔與螺旋肋骨設計，加速了水的流速。

┃ 圓形平底濾器 ┃

因採平底構造，粉與水的接觸面積大，可以很均勻的萃取；但也因出水孔徑小，沖煮時流速較慢。必須避免造成過度萃取的結果。

Kalita波浪系列即屬圓形平底濾器。出水孔徑小，減緩了水的流速。

肋骨的結構與重要性

濾器內面的條狀凸起設計，稱為肋骨（也稱為肋槽或導水溝）。其主要功用在於架高濾紙，讓濾紙與濾器內面保留適當空隙，提供水流固定的路徑，方便水流流出，與濾紙服貼處則有阻擋雜質與氣泡的效果。

肋骨的長短與凸起程度，會影響咖啡成品的風味，以及水流的路徑與流速。以下是常見的肋骨設計：

▎ 短肋骨濾器 ▎

以KŌNO圓錐形濾器為例，肋骨設計得比較短，只占下方三分之一到二分之一，但仍能幫助水流通過，所以水流主要途徑只在有肋骨的下半部。上半部沒有肋骨，熱水一通過就會服貼在濾器上，不易滲出，使得沖下去的熱水可以停留在咖啡粉比較長的時間，慢慢吸水、慢慢釋放風味，沖出來的咖啡風味完整、口感醇厚，餘韻無窮。

短肋骨設計，兼顧浸泡與導水功能，強化咖啡風味表現。

▎ 長肋骨濾器 ▎

Hario V60圓錐形濾器則是長肋骨設計的代表。因為肋骨長，撐開的空間更多，熱水通過的速度較快，所以咖啡粉的分布是從下面到上面，是比較均勻的萃取方式，沖出來的咖啡會比較淡，但相對的苦味也較不明顯，整體風味是甘甜清爽、層次多元。

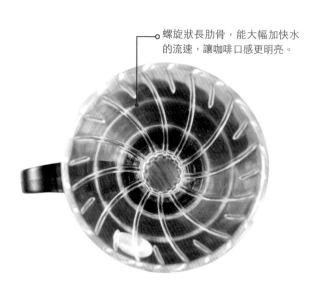

螺旋狀長肋骨，能大幅加快水的流速，讓咖啡口感更明亮。

┃ 直線肋骨濾器 ┃

以日本Caff骨瓷錐形濾器為代表。
採用從頂端到底部的直線肋骨設
計,密實且立體的肋骨能撐開濾紙
與濾器間更多的縫隙,增加空氣對
流的空間。與KŌNO和Hario V60
相較,KŌNO和V60的肋骨不論長
短皆延伸到底部,放上濾紙時,出
水孔仍明顯有縫隙,可以加快流速
與萃取效益。

而Caff骨瓷濾器的肋骨一樣從頂端
開始,並且直線延伸到下方,維持
上面排氣效益的穩定;但在接近底
部約0.2cm處便收起肋骨。放上濾
紙後,濾紙與出水孔之間不會產生
縫隙,而是呈現密合狀態。這是為
了壓抑萃取速度,讓流速變慢一
點。

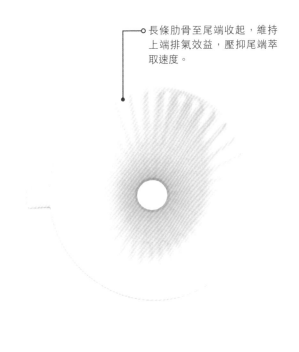

長條肋骨至尾端收起,維持
上端排氣效益,壓抑尾端萃
取速度。

┃ 無肋骨濾器 ┃

以日本Kalita所生產的陶瓷波浪濾
器為例,內面微微凸起的波紋並無
肋骨實質上的功能,必須仰賴按肋
骨原理設計的波浪濾紙使用。另有
一款同為Kalita品牌的玻璃製波浪
濾器,整個濾器做成咖啡杯的形
狀,雖名為波浪,但杯壁透明光滑
無肋骨,同樣必須搭配波浪濾紙使
用。導水溝槽就在濾紙上,可讓水
流順利往下,非常適合初學者。

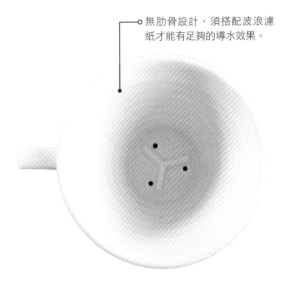

無肋骨設計,須搭配波浪濾
紙才能有足夠的導水效果。

材質

（Tiamo圖片提供：禧龍企業股份有限公司）

常見的濾器材質有以下幾種：

| 耐熱壓克力 |

以KŌNO的錐形濾器為代表。經過反覆測試、實驗的耐高溫壓克力材質，質感近似塑膠，但沖煮過程不會釋放任何有害物質，安全無虞。

經過高規格測試的KŌNO濾杯，不用擔心食品安全問題。

採用AS樹酯製成的Tiamo 101，輕巧且有多款顏色可選。

| 透明玻璃材質 |

耐熱性高，能從外側清楚觀察水流的情形。Hario、Kalita等各大廠牌都有此類製品。

Tiamo K02玻璃濾杯，須搭配波浪濾紙。

| 矽膠製 |

可以摺疊的矽膠濾器，方便收納、不怕摔，而且攜帶方便，外出野餐時也好用。

Tiamo矽膠濾杯，造型摩登，收納便利。

┃ 陶瓷材質 ┃

風格典雅、穩固厚實，缺點是肋骨的凸起設計上會有所限制，較為扁平、不夠立體。優點是保溫效果佳。

Tiamo 102描金陶瓷濾器。

Junior的百褶陶瓷濾器。

┃ 不鏽鋼製 ┃

最大優點是堅固、耐用、耐高溫。

Tiamo V01錐形不鏽鋼濾器。

Kalita wave的不鏽鋼版本，內建導水支架，以搭配專用濾紙。

┃ 金屬濾網濾器 ┃

不需濾紙就能使用的濾器，最大優點就是環保又省錢。沒有濾紙的過濾，也更能保留咖啡裡油脂的風味，讓口感更濃郁。但因濾網較細，也較易喝到咖啡細粉，建議沖之前可先將咖啡粉過篩。

Tiamo二代極細金屬濾網濾器，以環保、方便為主要訴求。

┃ 濾紙 ┃

雖然傳統的法蘭絨濾布有其優點與特色，但因應時代演進，濾紙不論材質、過濾效果各方面都不斷改善，加上用完即丟、省時省力的方便性，讓它盛行不衰。

纖維的種類

濾紙種類眾多，常見的包括臭氧漂白或未漂白者，也有使用棉、麻、竹等特殊纖維製成者，各自帶出的風味也有差異。若按纖維特色可歸納為兩大類：

┃ 短纖維濾紙 ┃

紙質薄、纖維較細、過濾速度較快，所以適合用在需要稍微加快流速的濾器上，例如KŌNO的錐形濾器。

┃ 長纖維濾紙 ┃

紙質厚、纖維較粗、過濾速度較慢，適用於需要放慢流速的濾器上，例如Hario V60螺旋濾器。其長肋骨設計，水流速度快，所以需要速度流慢一點的濾紙來做平衡。

濾紙的形狀

常見的濾紙形狀有以下三種

┃ 錐型濾紙 ┃ 搭配錐型濾杯使用。

┃ 梯形濾紙 ┃ 搭配梯型濾杯使用。

┃ 波浪濾紙 ┃ 搭配波浪濾杯使用。

濾紙的摺法

濾紙使用上雖然方便簡單，但也有些小技巧需要注意：

▎ 錐形濾器濾紙 ▎

側邊對準縫線往內摺

打開濾紙成圓錐形，
以濾紙邊線為中心輕摺出痕跡

將多餘的濾紙縫線處摺入，形成錐尖

撐開濾紙，套入濾杯，
讓濾紙盡可能服貼在濾器上

Tips

◎有的咖啡師會以熱水沾濕使濾紙服貼，有的咖啡師則不會，可視個人習慣決定。

◎底下的角如果摺得不夠尖、不夠順，也可能影響水流的速度與順暢程度。

┃ 梯形濾器濾紙 ┃

將濾紙側邊縫線往內摺

將底部縫線往外摺

撐開濾紙，稍微輕壓兩處摺痕，讓濾紙成形

◎梯型濾紙的縫線摺法並未特別限制方向，只要側
　邊縫線與底部縫線兩者方向相反即可。

｜ 咖啡下壺（分享壺）｜

下壺多為玻璃材質，用於承接咖啡，並提醒沖煮者容量多寡，所以外壺上多會有簡單的
容量標示。一般不希望在壺身做過多的設計，只要達到提示容量的目的就好。大多數手
沖濾器不一定要置於下壺上，也可以在咖啡杯上直接萃取，但就比較需要注意注水量，
以免溢出。

｜ 沖煮檯 ｜

用來輔助沖煮咖啡時高度的調整所特
別訂製的沖煮檯。通常會有一到兩款
不同的高度，提供給不同身高的沖煮
者使用。材質以木製與不鏽鋼金屬為
最大宗。

┃ 濾布 ┃

早期的手沖咖啡都是使用法蘭絨濾布，沖出的咖啡風味近似用虹吸壺沖煮一般，風味獨特，令人念念不忘，至今仍有許多傳統老店沿用，但因清潔與保養不易，逐漸為濾紙所取代。

基本使用方式

　　無須套在任何濾器上，可直接手持使用，使水流集中於錐形的尖端；或者襯在法蘭絨濾布專用的咖啡壺進行萃取。由於法蘭絨濾布要搭配有手把的鋼圈使用，口徑較大，所以專用的法蘭絨咖啡壺，開口也比一般玻璃下壺寬，才放得下濾布。

清潔與保養

　　使用濾布沖完咖啡後，將濾布拆下，放入滾水中煮10～15分鐘，讓濾布裡的咖啡渣、咖啡粉末全都溶解到熱水裡（如果是KŌNO的版本，鋼圈與手把都是金屬材質，則不必拆下，一起放入滾水中即可）。千萬不能用牙刷或菜瓜布刷洗，否則會傷害到濾布的絨毛纖維。

　　煮沸清潔後不需晾乾，只要把煮過的水倒掉，換上過濾後的淨水，持續浸泡，確保濾布乾淨無菌，並保持絨毛鬆軟濕潤。此時可用保鮮盒存放密封，冰入冰箱冷藏。要使用前，

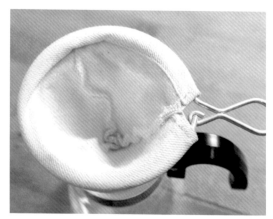

先用乾布把濾布壓乾，不能吹乾、晾乾，否則絨毛會變硬、變緊、變密實，過濾效果就會大打折扣，影響咖啡的風味。

妥善保養下，一塊濾布大約可以沖30杯咖啡。濾布使用量大的店家，會把2、30塊濾布同時浸泡在一個大的冰水槽裡備用；甚至有些標準更高的店家，每煮一杯或一次就換一塊濾布，以維持最佳的過濾效果。

▎ 清潔保養流程示意圖 ▎

使用後的濾布放入滾水煮沸十到十五分鐘

 （嚴禁刷洗，以免傷害絨布纖維）

倒掉煮過的水，換入乾淨的過濾水浸泡並冷藏

使用前用乾布壓乾，即可使用

 （不可吹乾、晾乾）

Tips
◎完成清潔後的濾布，若冷藏天數較長，過濾水也要記得定期更換。

沖約三十杯左右即可更換濾布

聰明濾杯
手沖器材界的台灣之光

由台灣人研發、生產，以「簡單、方便、快速」為產品訴求的新創咖啡沖煮器具，發想源自「杯測理論」，強調不受任何沖煮因素所影響，只要有好的豆子、好的水，設定時間一到，一杯好的咖啡就在你的面前。近年風靡於歐美各地，更在美國精品咖啡協會（SCAA）年會上大獲好評、鋒芒畢露，使這款原本設計用來沖泡茶葉的器具，意外成為咖啡器具產業的新寵兒。

採用美國Tritan塑料，無毒，可耐高溫120℃。

梯形單孔設計，能給予咖啡粉足夠的浸泡時間。

下方活門會自動密合，置於咖啡杯上即可自動滴濾。

聰明濾杯的版本　聰明濾杯另有使用金屬濾網取代濾紙的版本，特色是可保留咖啡油脂潤滑的風味，但由於東方人仍較偏好清爽甘甜的口感，金屬濾網版的濃濁度高，不受青睞，普遍上仍慣用搭配濾紙的版本。

｜ 聰明濾杯沖煮重點 ｜

聰明濾杯的沖煮流程相當簡單，不需特別技巧，但在使用上仍有些不可不知的訣竅。

「沖＋泡」的概念

沖煮咖啡有兩大方向，一是用水去沖咖啡粉，帶出咖啡味道，例如手沖；二是浸泡，用浸泡的方式過濾咖啡，例如虹吸壺。聰明濾杯便結合「沖＋泡」的概念：倒好粉與水後靜置，就是泡；放上咖啡杯或分享壺開始滴濾，就是沖。

「破渣」的原理

「破渣」本是杯測中的流程，在咖啡粉浸泡4分鐘後，以杯測匙背面推開表面浮起的咖啡粉，使空氣進入，讓表面粗粉下沉、底層香氣藉此往上迸發。使用聰明濾杯時，有些人不習慣進行破渣，但根據示範職人鍾志廷的經驗，少了這個步驟，咖啡的層次感會較不明顯。

｜ 流程示意圖 ｜

| 什麼是杯測 | 所謂「杯測」，就是不用任何沖煮手法去改變咖啡的味道，只要把粉水比固定好、時間計算好，熱水一沖就結束，以此呈現咖啡最原始的風貌，不需藉助任何繁複程序或專業技巧就能完成。聰明濾杯即是以此理論為基準所研發而成的產品。 |

聰明濾杯沖煮步驟示範

示範職人：鍾志廷

中焙

衣索比亞水洗耶加雪菲

產自Misty Valley迷霧山谷莊園，有新鮮果酸香氣，帶著花香氣息，口感圓潤滑順，獨特的風味與豐富的層次，特別推薦給初嘗單品的讀者。

研磨後示意圖 —— 中研磨（刻度4）

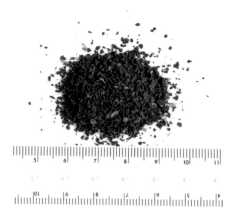

豆種：衣索比亞水洗耶加雪菲

烘培：中焙

研磨度：中研磨

咖啡粉：20g

粉水比：1：15

用水量：300cc

水溫：88℃

濃度：1.4%

萃取率：19%

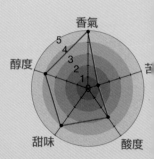

香氣
苦
酸度
甜味
醇度

步驟

前置作業

1 將梯形濾紙摺好放入濾杯，使之服貼，並倒入咖啡粉。（梯型濾紙摺法請參 P.36）。

注水

2 濾杯置於電子秤上，以88℃、300cc的熱水快速沖入濾杯中，務必在短時間內讓咖啡粉都能充分接觸到水。

浸泡

3 沖好水，開始靜置4分鐘，完全不要動它，讓咖啡粉與水能充分的融合。

Tips

◎注水時繞不繞圈都無妨，只要快速將粉沖開、打入水中即可。

破渣

4 四分鐘一到，以湯匙背面輕推表面的咖啡一圈，讓空氣進入產生對流，上下層咖啡液進行互相交換，香氣也散發出來。

滴濾

5 將濾杯移往承接的容器上開始過濾，完成萃取。

Tips

◎若想加快萃取速度、縮短萃取時間，可以改用90℃的水沖泡，並在靜置約1分半到2分鐘左右開始攪拌。以相同方向用攪拌棒攪拌5~10圈就完成。之後就不需再做破渣的步驟。

整理／邱昌昊

咖啡「豆」知識

咖啡豆百百款，有什麼不同？

想要沖出一杯好咖啡，除了要有良好的手沖技巧，高品質的咖啡豆更是不可或缺的重要關鍵。然而市面上的咖啡豆這麼多種，彼此之間到底有什麼差異呢？讓我們一探究竟。

產地不同

咖啡主要產地分布在南北迴歸線的環狀地帶，包括非洲、拉丁美洲、南亞等地。不同的國家或產區，都有著不同的氣候環境與土壤特質，而咖啡樹就如茶葉或葡萄一般，會隨著生長環境不同，產出不同風味的果實。

品種不同

當然，豆子的品種也有差異。目前最主要的咖啡原生種有二：Arabica（阿拉比卡）與Robusta（羅布斯塔）。一般來說，Arabica外型小，呈橢圓形，多種在較高海拔的地區，品質也佳，香氣十足，酸度、甜度也夠；然而耐病力差，栽種麻煩，價格也高，通常多用於精品咖啡沖煮。

Robusta的豆子外型大且圓，多種在雨林、山谷等地，風味較差，口感偏苦、香氣低，咖啡因也高。然而它生長速度快、產量大，所以多用於商業用途。

處理方式不同

咖啡果實收成後要先經過處理，來保存風味。常見的方法有三：日曬、水洗、蜜處理。同一款咖啡豆用不同的處理方式，風味也不盡相同。差異如下：

> 甜味＆厚實感：日曬＞蜜處理＞水洗

> 酸味＆香氣　：水洗＞蜜處理＞日曬

烘焙程度不同

處理過的豆子還得經過烘焙，才能準備研磨沖煮。烘焙程度大致可粗分為三種：淺焙、中焙、深焙（重烘焙）。其特徵與風味差異如下：

特性＼焙度	淺焙	中焙	深焙
烘焙時間	短	中	長
顏色	肉桂色	淺棕色	深褐色
風味	口感清淡 酸質明顯	口感豐富 酸苦均衡	口感強烈 苦味凸出
常見用途	單品、美式或混合咖啡		義式咖啡

職人
小傳

鍾志廷
走在夢想路上的勇士

　　聲稱自己是鄉下小孩，不習慣大城市快節奏生活步調的鍾志廷，在花蓮這片好山好水的撫育涵養之下，年屆三十卻仍不脫學生氣息與淳樸憨厚的性格。原本計畫在台北學成咖啡後就回花蓮開店，「沒想到學愈多愈覺得自己的不足，愈深入咖啡這個產業，就愈發現其中的奧妙與精深，愈想繼續探究下去……。」

亦師亦友的咖啡貴人

　　畢業自光武工專機械科的鍾志廷，對於本科系始終提不起勁，卻對料理、餐飲特別感興趣，大學時代就常到處喝咖啡，畢業後，打算返鄉找一份咖啡店的工作。某次尋幽探訪，在客家村偶遇「伯揚咖啡」老闆李建秒。李老闆是性情中人，與鍾志廷頗為投緣。對他而言，李建秒是他在咖啡之路上的第一位啟蒙老師；在李老師的帶領下，鍾志廷一步步向咖啡的領域邁進，心中對於做咖啡、學咖啡的嚮往也更近一步。

　　在李建秒的鼓勵與建議下，鍾志廷毅然離職北上，投入咖啡行業。2012年進入5 Senses體系，結識了另一位貴人──黃吉駿。阿吉一路的支持與提醒、適時的鼓舞與打氣，一直都是鍾志廷背後最強力的後盾。「在學咖啡的過程中，我遇到的貴人很多，今天我能有一點點成績，都該歸功於這些前輩。他們的提攜之恩，我永遠心懷感激！」

藉由比賽檢視自己

　　入行以來，鍾志廷積極參與咖啡競賽，四年多的時間，已征戰國內外各大小賽事。有人懷疑他比賽的目的，好友黃吉駿也建議他應該多給自己一些沉澱的空間與時間，好好整裡賽程裡出現的缺失。這些建議鍾志廷完全認同，但對於比賽，他另有一番見解與想法：「就像球員必須藉著不斷的集訓與比賽，促使自己在短時間內快速成長，這就是所謂的陣痛期。我不是喜歡比賽或在意比賽成績，而是藉由比賽的過程，重新檢視自己的缺失，回頭審視賽前與賽後的自己有何改變或進步。如果沒有實際參賽，我就無法了

解比賽真正帶給我的實質幫助是什麼。」

　　咖啡師是個專業且備受尊重的職業，擁有極大的發揮空間，只要保持一定的水準，沖煮出來的咖啡品質都相對穩定，讓客人喜歡，就稱得上稱職。但比賽就不一樣了。參賽者必須在賽程內完成指定與自選的咖啡作品，不只重視沖煮技巧，也必須介紹作品的特色、發想緣起與想要傳達的理念。沖煮的過程中必須同時講解重點，所以參賽選手通常都會自己寫稿、備稿，念到滾瓜爛熟了才上場，雖然咖啡才是重點，但若因口語表達不佳而導致緊張的情緒，難免也會影響到沖煮的表現。因此，對於個性較為木訥的咖啡師而言，比賽就是很好的訓練場域。

「競賽」是人生舞台的延伸

　　說起這些年參賽的心得，鍾志廷也有所省思：「以前我會專門為了比賽而做準備，現在參賽的意義已大不相同，我想要把這段時間我在生活中對於咖啡的想法，透過比賽呈現出來。今年的我和去年的我到底有何不同？是否有所成長？藉由比賽就是最好也最直接的檢驗方式。」

　　因此每一年的參賽，對鍾志廷來說都像是一場新品發表會，是他一年來的回顧與總整理。以前的他較寡言木訥，現在的他發表作品時言詞流暢、從容不迫，這是多次舞台經驗的洗禮所累積出來的台風與自信。往後的他對於參賽會更順其自然，有想法就參賽，藉著比賽表達出來，而不是固定式的定期參賽。

　　因為喜歡做吃的東西，鍾志廷很多關於咖啡的想法來自料理，譬如2015年的咖啡師大賽原本設定想以歐式料理中，前菜＋主菜＋甜點的概念來呈現，「前菜是創意咖啡，主菜是濃縮咖啡，甜點則是另一道口味較清淡爽口的咖啡飲品。」可惜因準備時間有限，來不及在比賽中實現；但他也不擔心點子會被模仿，因為理論和實際仍有一段距

離，在同樣架構與概念下，每位咖啡師沖煮出來的咖啡依舊會呈現出不同的風味與特色，他想要創造的，是屬於自己的品牌與風格。

將生活融入賽事中

　　做咖啡這一行帶給鍾志廷最大的感觸和收穫，是「真正做到工作與興趣的結合」。稍感遺憾的是收入還有待加強，但這是業界的常態，所以他不會拘泥於此，尤其感謝目前的工作環境與生活形態，每天都能懷著愉快的心情上班，專注的煮好每一杯咖啡，把自己的興趣當作事業來經營，從中得到成就感，還能結交各行各業的朋友，日子過得充實又開心。至於比賽，他表示：「我會持續的把生活帶入比賽中。也就是說，把現在每天工作的內容，包括咖啡師的生活、想要分享的新的沖煮方法或特別的念頭，帶入比賽中，把比賽當作發表會的舞台，傳達出來。」即使離返鄉開店還有段差距，但鍾志廷對於自己跨出的每個步伐，都有自己的計畫，「比賽雖然只是一個過程，但仍希望每一場競賽之後，都能讓我有一些進步、一些改變，同時也帶給客人一些不同的感受，這才是我參賽的意義。」

　　結合生活、工作與賽事，在生活與工作中擷取靈感和創意，藉由比賽傳達、分享，並且琢磨技巧、自我精進；三者合而為一，人生最幸福的事莫過於此。寓嗜好於生活與工作之中，透過比賽場合延伸自己的人生舞台。「接下來我還能表現什麼？咖啡還能為我帶來什麼？我能為客人呈現的是什麼樣的咖啡？我覺得這些都是身為咖啡師應時時刻刻自我檢視的地方。」做為咖啡從業人員，鍾志廷一直是專業自制、隨時自我鞭策的咖啡師。侃侃而談的他，提到對未來的期許，誠懇的臉龐透著堅毅的眼神。未來的人生道路上也許不見得一路風平浪靜，但他在咖啡這條路上的努力與付出，一定能歡欣收割，嘗到甜美的果實。

Caff骨瓷錐形濾器
優雅溫潤的典範

來自日本設計師中坊壯介與原口陶瓷苑共同研發創作的系列「Caff」，品牌原意為「街角的咖啡館」，作品以咖啡沖煮器具與茶用具為主。此款錐形濾器是唯一結合骨瓷與有田燒製造而成的錐形濾器。

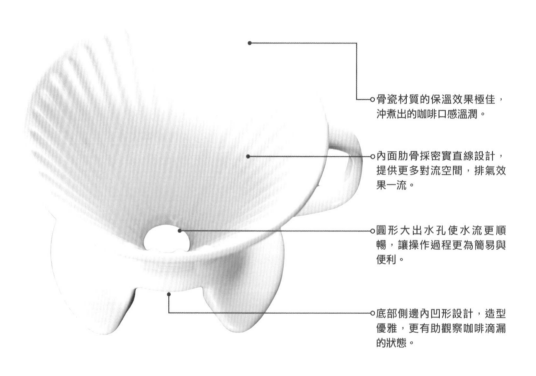

骨瓷材質的保溫效果極佳，沖煮出的咖啡口感溫潤。

內面肋骨採密實直線設計，提供更多對流空間，排氣效果一流。

圓形大出水孔使水流更順暢，讓操作過程更為簡易與便利。

底部側邊內凹形設計，造型優雅，更有助觀察咖啡滴漏的狀態。

有田燒　有田燒以九州佐賀縣有田町為名，是日本最具代表性的瓷器，其經過特殊配方與工法燒製而成的骨瓷更是精品。相較於一般瓷器，色澤更為純白溫潤，硬度更高，保溫效果更好，厚度卻較薄，是兼具美觀與實用的瓷器。

Caff骨瓷錐形濾器沖煮重點

本款濾器的肋骨設計幾乎一線到底，直到接近底部約0.2公分處收起，兼顧良好的排氣效果，也避免流速過快造成的萃取不足。沖煮方式分三階段注水，依序進行悶蒸、萃取、補足後段味道。整個沖泡時間大約兩分鐘左右。

❶ 悶蒸

第一階段注水，目的在於把咖啡粉裡的空氣往外擠壓、排出，達到充分「悶蒸」的效果，只要以輕柔的小水流，搭配小繞圈的動作，注水20～30cc，讓咖啡粉盡可能浸泡在水裡。靜置20秒左右，當咖啡粉膨脹到頂點、開始收乾時，即可開始第二階段注水。

❷ 萃取

第二階段要結合浸泡與沖刷的效果，開始二次注水。此時要拉高水位，並用較大水流注水180～200cc，從中心點由內而外繞3~4圈，再由外而內繞3~4圈回來。藉由水流沖刷表層、攪動下層，讓吸水的咖啡粉盡可能釋放出味道。接著再靜置10～15秒，讓粉與水充分融合與浸泡。

❸ 補足後段味道

經過前兩個階段，萃取程度已達八至九成，第三次注水只是要補足咖啡尾端的味道，讓風味更完整，因此不需像第二次注水時那麼強的力道。可以放低水位，以輕柔的力道注水80～100cc，由內而外或由外而內都行，繞完一次3~4圈即可。

┃ 流程示意圖 ┃

首次注水 ➡ 靜置15～20秒左右 ➡ 二次注水 ➡ 靜置10～15秒 ➡ 三次注水，完成萃取

Caff骨瓷錐形濾器沖煮步驟示範

示範職人：黃吉駿

淺焙

衣索比亞GAMANA水洗耶加雪菲

產於衣索比亞西南方的Ch'elelek'tu山區，高海拔的環境讓咖啡豆密度高，酸質與甜度強烈，水洗處理讓酸質表現突出，有很棒的水果甜味與厚實度，入口更添柑橘香氣。整體表現平衡細緻。

研磨後示意圖 —— 中研磨（刻度4）

豆種：衣索比亞GAMANA水洗耶加雪菲

烘培：淺焙

研磨度：中研磨

咖啡粉：20g

粉水比：1：14

用水量：280cc

水溫：90℃

濃度：1.4%

萃取率：18.2%

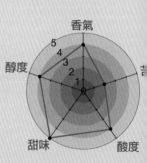

步驟

前置作業

1 將磨好的咖啡粉以過篩器過篩，將細粉篩掉0.5～1g的量，備用。

2 將濾紙折好、撐開，置於濾器上，用熱水沖一下，再倒入咖啡粉。

第一次注水

3 從中心點以直立的90°直角的小水流，輕柔而快速的注入20～30cc的水量。以小繞圈的動作，盡可能輕柔地讓水淋在咖啡粉上，充分浸濕咖啡粉。注水時間約3～5秒。

4 靜置15～20秒左右，進行悶蒸。此時吸飽水分的咖啡粉會慢慢膨脹成為半球體狀，待膨脹到最頂點、停止膨脹時，即可以進行第二次注水。

Tips

◎步驟1：細粉的顆粒小，萃取速度快，沖煮過程中容易過度萃取，而釋出雜味、澀味。所以建議先篩除細粉後再行沖煮。

◎步驟2：過水可以稍微洗去濾紙味道，也讓濾紙服貼於濾器上。同時下壺也一併預熱。

第二次注水

5 拉高水位，以較大一點的水柱注水，先從中心點由內而外繞3～4圈，再由外而內繞3～4圈，讓水柱的力量，帶動咖啡粉攪拌、翻滾。注入的水量約180～200cc，注水時間約10～15秒。

6 再靜置10～15秒，增加浸泡時間，把咖啡味道慢慢帶出來。等到表面泡沫逐漸消失時，就開始第三次注水。

第三次注水

7 放低水位，以輕柔力道注水。原則上由內而外或由外而內都可以，繞完一次約3～4圈即可。注水量約80～100cc。時間約5～10秒。

8 萃取到預定容量250cc後移開濾器，完成萃取。

整理／邱昌昊

精品咖啡產區
產地不同，風味各異

前文提到咖啡豆的味道、品質會隨著產地、品種的不同，而有不同的風味表現，以下就簡單介紹位於常見的精品咖啡產區及其特色：

| 常見的精品咖啡產地 |

1.印尼
代表品項：爪哇（Java）、
　　　　　蘇門答臘曼特寧（Sumatra Mandheling）
風味特色：香氣濃厚，酸度低。

2.衣索比亞
代表品項：耶加雪菲（Yirgacheffe）
風味特色：獨特的茉莉花香、柑橘香。

3.肯亞
代表品項：肯亞AA
風味特色：香氣強烈，酸度鮮明。

4.巴西
代表品項：聖多斯（Santos）
風味特色：味道均衡，帶堅果香氣。

5.哥倫比亞
代表品項：哥倫比亞（Colombia）
風味特色：濃稠厚重，風味多樣。

6.瓜地馬拉
代表品項：安堤瓜（Antigua）
風味特色：微酸，香濃甘醇，略帶碳燒味

7.牙買加
代表品項：藍山（Blue Mountain）
風味特色：口感溫和，滋味均衡圓潤。

8.尼加拉瓜
代表品項：瑪拉哥吉培（Maragogype）
風味特色：口感清澈，香氣飽滿。

9.哥斯大黎加
代表品項：塔拉蘇（Tarrazu）
風味特色：酸度精緻，層次豐富，帶有柑橘、花
　　　　　卉香。

10.巴拿馬
代表品項：藝妓（Geisha）
風味特色：甘甜均衡，口感細緻柔順，有檸檬、
　　　　　柑橘果香。

Kalita Wave
陶瓷平底波浪濾器
操作簡單,風味均衡細緻

Wave 波浪濾器是 Kalita 系列中最受歡迎的產品之一。最初的發想,就是想設計出一款不需技巧就能沖泡出好喝咖啡的器具。比起錐形濾器以「沖刷」為主的萃取方式,平底波浪濾器更偏向「浸泡」。

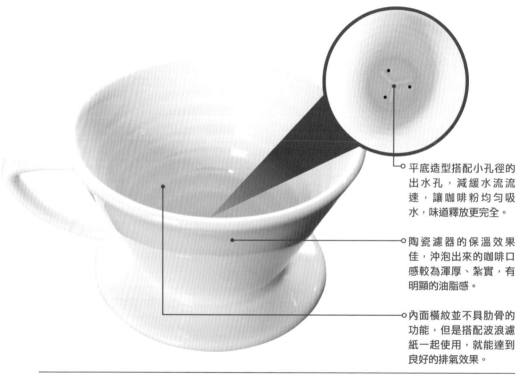

平底造型搭配小孔徑的出水孔,減緩水流流速,讓咖啡粉均勻吸水,味道釋放更完全。

陶瓷濾器的保溫效果佳,沖泡出來的咖啡口感較為渾厚、紮實,有明顯的油脂感。

內面橫紋並不具肋骨的功能,但是搭配波浪濾紙一起使用,就能達到良好的排氣效果。

土佐和紙濾紙

職人示範過程中,特地拿出珍藏的土佐和紙波浪濾紙,介紹給筆者。這款濾紙由日本咖啡職人與高岡丑製紙研究所合作研發,紙質厚、磅數高,纖維密實且無異味,過濾效果好。通常會與Kalita的特製不鏽鋼波浪濾杯搭配使用。然而由於價格昂貴,一張濾紙要價約台幣10元,且不易購得,商業上使用機會不高。

Kalita Wave陶瓷平底波浪濾器沖煮重點

平底三孔設計降低了水的流速，卻也提升了穩定度，可以採用與Caff錐形濾器相同的手法沖煮，比較一下兩種濾器所呈現的風味差異。整體沖泡時間約2分鐘至2分20秒。

❶ 悶蒸

第一階段注水，目的在於把咖啡粉裡的空氣往外擠壓並排出，達到充分「悶蒸」的效果，只要以輕柔的小水流，搭配小繞圈的動作，注水20～30cc，讓咖啡粉盡可能浸泡在水裡。靜置20秒左右，當咖啡粉膨脹到頂點、開始收乾時，即可開始第二階段注水。

❷ 萃取

第二階段要結合浸泡與沖刷的效果，開始二次注水。此時要拉高水位，並用較大水流注水180～200cc，從中心點由內而外繞3～4圈，再由外而內繞3～4圈回來。藉由水流沖刷表層、攪動下層，讓吸水的咖啡粉盡可能釋放出味道。接著再靜置10～15秒，讓粉與水充分融合與浸泡。

❸ 補足後段味道

經過前兩個階段，萃取程度已達八至九成，第三次注水只是要補足咖啡尾端的味道，讓風味更完整，因此不需像第二次注水時那麼強的力道。可以放低水位，以輕柔的力道注水80～100cc，由內而外或由外而內都行，繞完一次3～4圈即可。

▍ 流程示意圖 ▍

首次注水 ➡ 靜置15～20秒左右 ➡ 二次注水 ➡ 靜置10～15秒 ➡ 三次注水，完成萃取

Kalita Wave波浪濾器沖煮步驟示範

示範職人：黃吉駿

淺焙

巴拿馬日曬依莉達Elida單品豆

依莉達是巴拿馬首屈一指的咖啡莊園，產出的高品質咖啡豆經日曬處理，擁有厚實的口感與莓果香氣，豐富的層次與熱帶水果風味廣獲好評。

研磨後示意圖 —— 中研磨（刻度4）

豆種：巴拿馬日曬依莉達Elida單品豆

烘培：淺焙

研磨度：中研磨

咖啡粉：20g

粉水比：1：14

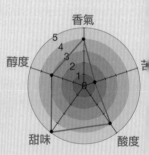

用水量：280cc

水溫：90℃

濃度：1.4%

萃取率：18.2%

步驟

前置作業

1 將磨好的咖啡粉以過篩器過篩，將細粉篩掉0.5～1g的量，備用。

2 將濾紙置於濾器上，用熱水沖一下，再倒入咖啡粉。

第一次注水

3 從中心點以直立的90°直角的小水流，輕柔而快速的注入20～30cc的水量。以小繞圈的動作，盡可能輕柔地讓水淋在咖啡粉上，充分浸濕咖啡粉。注水時間約3～5秒。

4 靜置15～20秒左右，進行悶蒸。此時吸飽水分的咖啡粉會慢慢膨脹成半球體，待膨脹到最頂點、停止膨脹時，即可以第二次注水。

Tips

◎步驟1：細粉的顆粒小，萃取速度快，沖煮過程中容易過度萃取，而釋出雜味、澀味。所以職人建議先篩除細粉後再行沖煮。

◎步驟2：過水可以稍微洗去濾紙味道，也讓濾紙服貼於濾器上。同時下壺也一併預熱。

第二次注水

5 拉高水位，以較大一點的水柱注水，先從中心點由內而外繞3～4圈，再由外而內繞3～4圈，讓水柱的力量，帶動咖啡粉攪拌、翻滾。注入的水量約180～200cc，注水時間約5～8秒。

6 再靜置10～15秒，增加浸泡時間，把咖啡味道慢慢帶出來。等到表面泡沫逐漸消失時，就開始第三次注水。

第三次注水

7 放低水位，以輕柔的力道注水。原則上由內而外或由外而內都可以，繞完一次約3～4圈即可完成。注水量約80～100cc。時間約3～5秒。

8 萃取到預定的容量250cc後移開濾器，完成萃取。

職人
小傳

黃吉駿
勇敢追夢的行動主義者

朋友口中的「阿吉」——黃吉駿，會走入咖啡這一行，一開始可說是「無心插柳」的結果。服兵役前在真鍋連鎖體系兩年的工作經驗，讓他第一次接觸到手沖咖啡，當時心中雖已埋下咖啡的種子，但「想要做咖啡」的決心卻還未萌芽。

從探索到成長

退伍後，阿吉花了三到四年時間，一邊工作一邊思考未來，希望從中找出方向。在轉換過各種行業後，因緣際會進入到Cama和平店，在這裡，阿吉確定了自己日後的道路，開始積極學習與咖啡一切有關的事物。「當時Cama的店長和同仁對咖啡的要求真的很高，這對我是非常好的訓練，即使我懂得不多，但卻清楚知道我們想要呈現的，是對好咖啡的堅持與信念。」

那時剛接觸烘豆的他慢慢了解到，烘豆與沖煮環環相扣，會影響咖啡的呈現。他開始到自烘店家向前輩們請教。「烘豆領域太廣，沖煮也是，很多人，尤其咖啡店經營者，因為角色或職責所需，必須二者兼顧。其實不烘豆的咖啡師，也能透過聞的喝的或最單純的杯測方式，去追蹤豆子發生了什麼事，這就是咖啡師的深度與廣度。我只是很幸運的有機會同時接觸，並在二者之間往返。」

2009年的台北咖啡大展，阿吉首次聽聞「咖啡大師」這個競賽，讓他非常興奮，心中不禁躍躍欲試，「原來咖啡也有比賽！我也想要嘗試看看。」這個想法就像個觸媒，點燃他心中的咖啡火苗，從此一發不可收拾。2010年他離開Cama，隨後即加入5 Senses團隊，開始人生中的另一個階段。

S.O.概念店的發想與未來

加入5 Senses之後，阿吉開始萌生單品濃縮咖啡專賣店的想法，Single Origin

espresso & roast（簡稱S.O.）的雛型逐漸建立。2011年夏天，他去探訪了心目中的「大俠」、同業裡的前輩——莊宏彰，喝到對方親自為他沖煮的義式單品濃縮咖啡，一支衣索比亞的日曬耶加。那是阿吉第一次喝到用義式咖啡機烹煮的單品濃縮咖啡，從未有過的口感體驗，讓他驚喜、驚訝之情溢於言表，「不單單只是好喝而已，而是極度震撼，顛覆了我對咖啡的想法與想像。」醍醐灌頂般的經驗讓他豁然開朗，更堅定了他探究咖啡領域的決心。「為什麼義式機就要煮綜合豆？手沖或賽風就適合煮單品？為什麼大家的既定印象如此根深蒂固？那時的我開始對這些事產生疑問，並不停思索著。」

　　2013年黃吉駿第二次參加咖啡大師競賽，他帶著自己烘的單品豆子上場，成功將自己的想法與概念，透過競賽的過程表達出來，為自己打下成功的一役。同年，在長期籌備與5 Senses團隊的支持下，S.O.概念店終於在2013年3月正式開幕。開業至今屆滿三年，只賣單品咖啡的經營理念從未改變。對阿吉來說，這是來自莊宏彰的啟發，更是他夢想的實現。「我跟絕大多數的人一樣都有開店的夢想，起初也是一股腦只想要開店，但因為資金問題，不敢貿然行事。畢竟借錢開店實在太冒險了。我只要考慮到現實面，就會提醒自己要步步為營。而且，我不想隨波逐流開一家跟別人大同小異的咖啡店，一定要有自己的想法才行。」年紀雖輕，卻沒被夢想沖昏頭，懂得在實際層面求取平衡，這是阿吉踏實穩重、思慮周詳的另一面，也是他面對諸多困難，最終都能一一克服的主要原因。

以客為尊，建立良性循環

　　雖然阿吉不到三十歲就完成開店的夢想，但過程中的努力、付出，箇中酸苦絕非外人所能理解，「當初我一心只想著開店，但對於要開什麼店卻茫無頭緒，後來幸運的抓

到自己想要的東西，開店之後陸續遭遇各種難題，也在解決事情的過程中激盪出新的想法，這些都是實際開了店、碰到問題以後才會有的領悟。」

　　話說得輕鬆，其實一點也不容易，身為咖啡店負責人，更需時時觀察市場動向、因應突發狀況。透過市場調查，阿吉深刻了解到，消費者意識抬頭已成趨勢，咖啡產業的未來發展，也會趨向與消費者直接的溝通。所以，發自內心以誠待人，和消費者產生連結，以良性循環吸引顧客主動上門，將是服務業成功的致勝關鍵。這也是黃吉駿當初會將S.O.概念店吧檯高度降低，使空間開放的原因。「吧檯就像是劇場的舞台，咖啡師是演出者，直接面對觀眾（消費者），而烘豆師就是幕後工作者。他們是幕後英雄，將掌聲留給幕前的演出者。」

有幸福的工作夥伴，才有幸福的美味咖啡

　　在管理方面，提供同仁一個良好的工作空間與學習環境，也是他念茲在茲的事。「員工是公司最重要的資產，有幸福的員工才會有幸福的企業。尤其店裡同仁必須第一線面對顧客，要在愉快的氣氛和情緒下才能煮出好喝的咖啡啊！」何況阿吉自己就是基層出身，由一個打工小弟到擁有自己的咖啡店，除了心存感恩，他更希望能幫助更多人，首先要回饋的對象就是與自己一起打拚的夥伴，鼓勵同仁也能像他一樣，朝著自己的夢想前進。

　　從開店第一年自己站吧台，親自沖煮咖啡、為客人服務，到後來陸續調整，前台交給另兩位同仁負責，阿吉的工作重心則部分移轉至後端，全心做好管理與拓展業務。在謹守核心價值的堅持下，阿吉正積極規劃分店，希望能透過第二家店，將S.O.的概念，更完整、更完美地傳達出去。

KŌNO錐形濾器
自成一格的點滴式手沖法

KŌNO 第二代社長河野敏夫苦心研發的「名門」錐型濾杯,搭配自成一格的沖煮手法,實現了「用濾紙也能沖出法蘭絨濾布風味」的理想。

＊倒三角形設計能集中咖啡粉,形成厚的過濾層,提高萃取效率。

＊獨特的短肋骨造型,減緩水的流速,讓咖啡粉能更完整地釋放風味。

＊KŌNO特仕版手沖壺,壺內無「擋片」,減少給水阻力,使水流更有力道。

＊鶴嘴壺設計,能彈性控制水流大小,做出更多、更細緻的水流變化。

KŌNO錐形濾器沖煮重點

與其他手沖法不同，KŌNO的手沖方式不需悶蒸，而是以特製的手沖壺與短肋骨的錐形濾器，搭配獨門手沖法來進行。整個過程是連續、漸進的，水流粗細也是一樣。若要細分，從最細最小的水流到最粗最大的水流，至少可分為三到五個階段。為方便講解，在此將給水過程概分為三階段：點滴法、小水流、大水流。

KŌNO式手沖特色

點滴法是KŌNO特有的沖法。開始時使用點滴法，集中滴中心點（粉層最厚的地方），讓咖啡粉慢慢吸水。中心點吸飽熱水後，形成水的通道，之後滴下去的水就會沿著通道以同心圓的方向擴散，讓濾器裡的粉均勻地吸到水。接著再配合咖啡粉吸水的節奏，逐步加大水流，過程中需要極細緻的變化與技巧。這種手法搭配KŌNO錐形濾器，可以將深層的咖啡粉都擠上來，讓所有的粉都吃到水，使KŌNO沖出來的咖啡有更多的風味、更厚實的口感。

操作重點

實際操作過程中，以下兩點需特別注意：

一、端正的持壺姿勢：以身體為重心，右手持壺，左手托住壺底（KŌNO手沖壺比一般手沖壺厚重，在水量多時不易操作，難以細緻調整水柱大小。沖煮時，宜站立操作，抬頭挺胸、肩膀放鬆，以保手部的靈活（利用沖煮檯可避免不當姿勢）。

二、靈活的給水節奏：注水時不必刻意計時，而是觀察咖啡粉吸水的狀況，隨時調整。不同國家、不同焙度的豆子，咖啡粉的吸水狀況也會有差異，使得點滴的節奏也會稍有不同。例如深焙豆吸水快，也就滴得快；淺焙豆吸得慢，就要滴得慢，端看豆子的氧化程度及吸水狀況來微調。之後使用水柱注水也一樣，盡量維持粉面持平或微膨的狀態，不可凹下或太過膨脹（膨脹明顯時，需待其稍微消退再注水）。

｜ 流程示意圖 ｜

KŌNO錐形濾器沖煮步驟示範

中深焙

黃色潛水艇（配方豆）

「黃色潛水艇」是山田珈琲店的招牌配方豆，名字取材自搖滾樂團Beatles的歌名，混合了兩支巴西、一支哥倫比亞的豆種。特色是焙度較深，分開烘完再混合，注重後韻的甜味。黑巧克力的味道＋焦糖的甜味＋堅果的香氣，喝完仍久久不散。

研磨後示意圖 ── 中研磨（刻度4.5）

豆種：黃色潛水艇（配方豆）

烘培：中深焙

研磨度：中粗研磨

咖啡粉：24g
（兩平匙，兩人份粉量）

粉水比：1：10

香氣
醇度
苦
甜味
酸度

用水量：240cc

水溫：88℃

濃度：1.2%

萃取率：10.75%

步驟

1 前置作業
濾紙折好，置入濾器，尖端對準底部出水孔，倒入咖啡粉。

2 第一階段──點滴法
右手持壺、左手托壺，以身體為重心，從中心點以點滴式慢慢一滴一滴注水。

3
待底層的咖啡粉逐步往上翻動、均勻吃到水時，可以稍微加快點滴的速度，但依舊維持表面膨起的狀態。

4
當下壺的咖啡液從點滴方式到形成水流，同時聽到「嘩啦」一聲的時候，就進入第二階段。

Tips
◎沖時不計時也不秤重，容量就用KŌNO的計量匙計量，一平匙12g、兩平匙24g，以此類推。

第二階段——小水流

5 給水方式從點滴式變成小水柱，從中心點由內而外順時針繞圈，水平給水。

6 約莫繞3~4圈，等表面膨脹到頂點後，停止注水幾秒鐘，待表面氣泡消平後，再繼續注水。

7 重複注水→休息→注水的循環動作，讓雜質上浮（通常焙度愈深，注水次數愈多）。直到萃取量達三分之二（玻璃下壺外壺上KŌNO字樣下緣，約160cc），進入第三階段。

Tips

◎從側面可清楚觀察到，咖啡粉從最下方開始吃水，並均勻的吃水吃上來，表示連最深層的咖啡粉也都充分吸到水了。此時可加快點滴速度，保持表面膨起的狀態。

070

第三階段——大水流

8 注入更大水流的水量，拉高水位，把雜質泡沫帶到最上層的表面。

9 當萃取容量到達約240cc時，隨即移開濾器，完成萃取。

10 由於沖煮過程中注水速度的變化，萃取結束後，壺底的咖啡最濃，建議稍作攪拌，讓咖啡更均勻。

KŌNO
日本咖啡「名門」

　　KŌNO的商標名稱，源於創辦人河野彬先生的姓氏。河野彬擁有日本九州大學醫學部的背景，早年被派駐到新加坡推廣日本醫療器材。數年後回到日本，自行創業成立了醫療玻璃器材公司，出口玻璃醫療器材到東南亞國家銷售。不喝酒，只愛喝咖啡的河野彬，由於在新加坡喝不到滿意的咖啡，讓他萌生自行開發咖啡沖煮器的念頭。

首創Syphon，掀起熱潮

　　1923年，河野彬開發出利用氣壓差萃取咖啡的器具，並在兩年後將之實用化，首創日本第一款直立式虹吸壺（Syphon，也稱賽風壺）。1927年，KŌNO開始在百貨公司透過實地示範來販售產品，雖然價格昂貴（一只要價相當於當時大學生起薪的九成），但也因創新的設計與高品質，打出口碑。二次大戰後，二代社長河野敏夫針對虹吸壺加以改良，讓1960年代的日本咖啡館，興起了一陣虹吸壺熱潮。就在這股虹吸壺熱潮方興未艾之際，KŌNO又開發出了新產品——KŌNO錐形濾器。

一生懸命，專注研發

　　河野敏夫一直思考著，如何才能做出「用濾紙沖煮出跟法蘭絨一樣風味」的濾器？本著科學驗證的精神，在開發階段，研發部門就花了許多時間和心力去研究濾器肋骨的

KŌNO法蘭絨濾布

KŌNO咖啡賽風壺

KŌNO錐形濾器

凸起、長短、出水孔大小種種構造，對咖啡沖出來的風味到底有何影響。經過長達五年的反覆操作與多次實驗，將圓錐形的角度、側骨架的長度、萃取部分的開口大小等地方不斷調整。發現濾器內側的骨架只要設計在下方，使濾器上方的濾紙和濾器服貼，咖啡液就能集中到中心，再利用下方的短肋骨導水，終於完成第一代「名門」圓錐形濾器，能萃取出和法蘭絨同樣的好風味。產品研發階段，KŌNO真的非常花心思，任何一個小細節都不放過，充分傳達出日本人「一生懸命」的態度與精神。

獨門手法，風味並存

　　「名門」圓錐形濾器最主要的特色，就是必須搭配KŌNO特有的沖法，才能相互輝映、相得益彰，將豆子的特色發揮得淋漓盡致，把豆子好的風味充分萃取出來，喝起來口感濃郁、風味厚實、滑潤順口、不苦不澀。醇厚濃郁的風味與乾淨清爽的口感並存，這是一般沖法較沒辦法同時做到的地方。通常這二者都會有所牴觸，如果想喝到濃郁的風味，無可避免地必須忍受一些苦味。如果不想喝到苦味，就會喝到像茶一樣清淡的咖啡。但只要正確使用KŌNO的沖法與器具，就可以兩種口感都享受到。而且不管淺焙、中焙或深焙，都可以用這樣的方式沖咖啡。

實事求是，歷久彌新

　　KŌNO是一家歷史悠久、聲譽卓著的公司，在日本咖啡業界堪稱領導品牌，1925年創立至今已滿90歲（2015年才推出九十週年紀念款），始終沿襲創辦人低調樸實、實事求是的風格，注重產品的特性、原理與功能，而非產品的外型、美觀與設計感。因此，在手沖咖啡沖煮器的開發上面，只推出過圓錐形濾器「名門」與「名人」兩個系列。2000年以前，連彩色系列都尚未問世，光靠虹吸壺與透明錐形濾器就做了數十年的生意，足見KŌNO的產品的確經得起市場考驗。

Hario V60圓錐螺旋濾器
快速簡易的沖煮神器

Hario V60 圓錐形濾器，結合實用功能與時尚設計，在消費使用群眾中，擁有極高的人氣與評價；除常見的耐熱玻璃版本（右圖）外，同款的陶瓷濾器更榮獲 2007 年日本設計大獎。

圓錐形的設計，可將咖啡粉堆高，增加萃取的面積。

內側螺旋肋骨結構，悶蒸的同時還能排除空氣，保留更多的咖啡風味。

大口徑的出水孔，有助於完整萃取出咖啡的風味。

Hario V60沖煮重點

分為兩階段（兩次注水）：第一階段是「悶蒸」，第二階段是「萃取」；「萃取」又可
細分為前半與後半兩段。

❶「悶蒸」階段

　　首次注水的目的是要讓咖啡粉盡可能浸泡在水裡，
趕出粉內空氣。水流的力道不宜太強，否則會直接沖入
下壺，稀釋了成品的味道。

　　注水後，咖啡粉裡的空氣受熱膨脹，表面鼓起（水
溫愈高，膨脹程度也愈高）。此時要靜置10～15秒左
右，等咖啡粉充分吸附水分，溶解出咖啡粉裡的成分。

　　靜置過程中，膨脹會達到頂點並停止，上層的咖啡
粉也開始變乾。等到快要完全變乾的時候，就要進入第
二階段注水。

膨脹的咖啡粉將要收乾之際，就是
二次注水的時機。

❷「萃取」階段

　　二次注水前半段，用比首次注水稍大的水流，持續
給水到泡沫變白，讓所有咖啡粉都被水流打到，將還沒
趕完的空氣徹底趕出。過程中，原本浮在上面、比較厚
的咖啡粉變薄，泡沫也愈來愈小。

　　接著進入後半段，改以更大的水流推打咖啡粉，讓
咖啡粉得到充分攪動，避免阻塞，使咖啡的風味完整萃
取、釋放出來。

二次注水時，待泡沫變小變白後，
就要加大水流。

┃ 流程示意圖 ┃

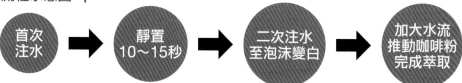

首次
注水　➡　靜置
10～15秒　➡　二次注水
至泡沫變白　➡　加大水流
推動咖啡粉
完成萃取

Hario V60沖煮步驟示範

示範職人：葉世煌

巴拿馬柏林娜莊園有機水洗豆

市場上少見的有機咖啡，也是巴拿馬競標的常勝軍。研磨後散發柑橘香氣，經過沖煮後則帶有櫻桃、肉桂、茉莉花等迷人花果香，酸度明亮清晰。

研磨後示意圖 —— 中粗研磨（刻度5.5～6.5）

豆種：巴拿馬柏林娜莊園有機水洗豆

烘培：淺焙

研磨度：中粗研磨

咖啡粉：14g

粉水比：1：18

用水量：250cc

水溫：80℃

濃度：0.2%

萃取率：3%

香氣 醇度 甜味 酸度

步驟

1 前置作業

將濾紙對準縫線往內折。撐開,置於濾器上。以熱水沖一下,讓濾紙服貼於濾器上(兼有「洗去濾紙味道」及「保持濾器跟下壺溫度」的效果)。

2 第一次注水

第一次注水時,對著中心點以小水流輕柔而快速的注入,不需繞圈,只需讓咖啡粉浸濕即可。時間約3～5秒。

3

再經過大約15～20秒左右,待咖啡粉逐漸往上膨脹、微微鼓起,並且快要變乾的時候,就是可以進行第二次注水的時機。

4 第二次注水

前半段以比第一次注水時稍大的水流,與稍高一點的水位(手沖壺的高度稍微提高)從中心點往外繞圈。繞到泡沫變成白色。

Tips

◎二次注水時,沖中心點的水位要高(距離咖啡粉10～15cm),沖外圍的水位要低(4～6cm)

5 不斷水，進入後半段。
拉低水位（把壺水放
低），改以更強大的水
流去推動咖啡粉，讓沉
在底下的咖啡粉能充分
得到翻動的機會。

6 注水完成，待水分流入
下壺，完成萃取。

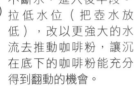

Tips

◎準備第二次注水時，應仔細觀察，當膨脹的咖啡粉開始變乾、往下沉，到快要變平的時候，即可注水；可
不能等表面的咖啡粉完全收乾、開始下凹才開始二次注水。因為表層咖啡粉往下凹陷，表示它又把空氣吸
了進去，會導致萃取出的風味欠佳。

◎第二次注水的前半段與後半段是一氣呵成的，中間沒有停頓，只在水流粗細與大小上面視粉末吸水狀態做
調整。

◎注水完成後，可觀察咖啡粉表面泡沫的多寡、判斷咖啡粉裡面被釋放出來成分的多與少。泡沫多表示被釋
放出來的成分少，泡沫少代表豆子味道被完整釋放出來的成分比較多。

整理／邱昌昊

滴濾／濾壓式咖啡的運用

加點變化，讓咖啡更有趣

雖然通過手沖或濾壓法煮出的咖啡，不像義式咖啡機煮出的espresso那麼濃郁或有crema，不適合拉花，但也能做出有趣的變化！

1 Red eye

1份espresso（30cc）+滴濾式咖啡（120cc）（比例1：4）。是在「紅眼航班」（深夜至凌晨的航班）上保持清醒時的首要選擇。另有Shot in the Dark、Eye Opener等別稱。

滴濾式咖啡
120cc
30cc
espresso

3 Dead eye

3份Espresso（90cc）+滴濾式咖啡（120cc）（比例3：4）。是Black eye的再次加強。飲用前可得三思，小心咖啡因攝取量超標，或因此導致失眠喔！

滴濾式咖啡
120cc
90cc
espresso

5 Mazagran

1茶匙紅糖+濾壓式咖啡（90cc）+檸檬汁（45cc），再放入冰塊。是源於阿爾及利亞的冰甜咖啡飲品，有些地方會加入蘭姆酒，或將基底換成espresso。

檸檬汁 45cc
90cc 濾壓式咖啡
紅糖

2 Black eye

2份espresso（60cc）+滴濾式咖啡（120cc）（比例1：2）。是Red eye的加強版，喝下一杯，整天都很有精神！

滴濾式咖啡
120cc
60cc
espresso

4 Café au lait

濾壓式咖啡（90cc）+熱牛奶（90cc）。Café au lait俗稱「咖啡歐蕾」，源自法文，即「咖啡＋牛奶」的意思。牛奶的用量其實沒有明確比例，可隨個人喜好調整。

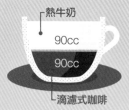

熱牛奶
90cc
90cc
滴濾式咖啡

6 Irish coffee

1茶匙紅糖+濾壓式咖啡（120cc）+愛爾蘭威士忌（60cc）+鮮奶油（75cc）。「愛爾蘭咖啡」其實是雞尾酒的一種，有著層次分明的豐富口感，有興趣不妨一試！

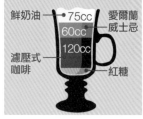

鮮奶油 75cc 愛爾蘭威士忌
60cc
濾壓式咖啡 120cc
紅糖

職人小傳

葉世煌
與世無爭的咖啡大師葉教授

　　長期在網路分享咖啡知識與心得，講述各種沖煮手法與技巧，在業界頗負盛名的葉世煌，擁有「葉教授」的稱號可說當之無愧。本以為他會是個拘謹嚴肅的人，見面之後才發現，原來是位溫文儒雅、和藹可親的咖啡大師。

「咖啡葉・店」重啟全新人生

　　入行超過15年，最早是因家族因素成為麵包師傅，而後歷經連鎖體系咖啡館與複合式餐飲店的洗禮，在接觸到精品咖啡的領域，開始喜歡沖煮咖啡後，便更加確定這個興趣與志向，除了學習烘豆，也一步步累積各種相關實力。2009年，終於在豐原自家店面開了完全屬於自己的咖啡店「咖啡葉」，自此開啟他全新的咖啡人生。

　　曾經有一段日子，葉世煌密集的參賽，原因不是為了名次或頭銜，而是想藉由參賽機會表現自己對咖啡的想法與觀念，同時實踐實驗的精神。例如用極深焙的黑珍珠參賽，以此表達新的想法；或者用極淺焙與極深焙的咖啡豆來做口味上的變化，賦予咖啡新的生命，這對他來說都是新的嘗試與挑戰。

　　聲稱自己沒有雄心壯志、目前也無任何展店計畫，只想把這唯一一家店做好的葉世煌，其實太過謙虛。光是觀察這僅此一家、別無分號的「咖啡葉店」，從平日人潮與來客數，就明白他的成功絕非浪得虛名。不為招徠顧客而打出取巧的行銷手法，認真誠懇、把握當下的心態與腳踏實地的經營方式，讓咖啡葉深獲好評。「因為店面多了，需要照顧的層面也會變多，可能連親手幫客人沖咖啡的時間都會被剝奪，而這並不是我想要的。」

重視互動經驗，推廣淺焙精品

　　從最初喜歡沖咖啡開始，接觸到咖啡這個行業，因為找不到好的豆子而促使自己去深入了解烘焙這個領域，自己動手烘豆，尋找心中想要的味道。之後因緣際會開店成了

老闆，立刻面臨生存的問題，也迫使葉世煌正視並且思考咖啡店的經營與管理。對他來說，烘豆師與經營者這二個角色，都是從咖啡手這個身分延伸出來的。因此，直接服務客人，透過人與人之間的交流、互動，彼此交換意見、進行思想的激盪，交會出意想不到的火花，才是他最享受也最珍惜的工作型態。「我只想好好把這家店做好，煮好沖好每一杯咖啡，讓客人喜歡，願意一來再來，而且不讓自己有太大壓力，如此才能專心在烘豆與沖煮手法的精進與研究上。」

　　大約從5、6年前，從北歐開始掀起第三波淺焙精品咖啡浪潮，近年更有不少業者風起雲湧的相繼投入，帶動淺焙咖啡的風行。「很多人以為咖啡豆烘淺一點就是第三波的概念，其實不然。第三波牽涉的是整套的背景，尤其從生豆端就講究，但較無飲用端的要求，飲用端多數仍停留在酸咖啡的迷思裡。」這個迷思指的是從前帶有苦味與尖銳酸澀的咖啡，現在的酸已大不相同，其實應該是「酸甜」的咖啡，而且是偏向水果茶到酸甜的範圍內，這種飲用方式與型態的改變，也是葉世煌現階段想要傳達的咖啡理念。

跳脫窠臼，驚喜自在其中

　　以前的人喝咖啡，喜歡的是輕鬆自在的氛圍，對咖啡了解不深也不講究，但現在不一樣了。隨著莊園咖啡、精品咖啡陸續出現，添加物（糖、奶精）也逐漸減少，喝純咖啡、黑咖啡的人口愈來愈多，這顯示出消費者對於咖啡的飲用觀念，也慢慢跳脫以往固有的窠臼，能以包容的心去接納各種可能性。「如果民眾願意更放開心胸，多嘗試不同沖泡比例、不同風味的咖啡，懂得如何去品嘗、欣賞一杯均衡咖啡的時候，那種收穫與滿足感，一定讓你難以想像……。」

　　沖煮咖啡的手法自由隨興，經營咖啡店的風格亦隨遇而安。不需刻意宣傳，咖啡葉就能吸引人潮蜂擁而至，這就是葉世煌的特質與魅力。所謂的「花自香，蝶自來」，只要走一趟咖啡葉就能明白。

虹吸壺（Siphon、Syphon）又稱賽風壺或真空壺
（Vacuum coffee maker），是利用虹吸原理來沖煮咖
啡的器具，又分直立式與平衡式（比利時壺）兩種。
其沖煮法特別能夠凸顯咖啡純粹與厚實濃郁的風味，
相當適合用來沖煮單品咖啡。加上有趣的流程與具復
古感的造型，讓虹吸壺相當受歡迎。

PART 2

虹吸壺

虹吸壺的基本原理
看穿虹吸壺的神祕魔術

「虹吸壺」顧名思義,是指運用虹吸現象來進行萃取的咖啡沖煮器具,但它的具體作用原理為何?對於咖啡成品又有什麼樣的影響呢?

熱脹冷縮 × 虹吸現象

其實,虹吸壺並不單純靠虹吸原理來萃取咖啡,以直立式虹吸壺為例,它其實是透過對水的加熱,產生高溫水蒸氣。在密閉的虹吸壺內,水蒸氣受熱膨脹,氣壓推動液體,將水推入導管,抽取至上壺,開始烹煮咖啡粉;待下壺溫度下降,水蒸氣冷卻收縮,使上壺的水又被吸回下壺,完成咖啡液的萃取。這種浸泡式的萃取法,能夠均衡萃取出豆子原有的味道,將其本身特色直接表現出來,但在風味、層次上面就不如手沖那麼明顯,這也是虹吸壺和手沖最大的差異。

虹吸壺對原理的運用

熱水由下至上　　　咖啡由上至下

上壺(咖啡粉)　　　　　　　　　　　上壺(咖啡渣)

下壺(水)　　　　　　　　　　　　　下壺(咖啡液)

加熱　　　　　　　　　　　　　　　停止加熱

←:受熱的氣體與水蒸氣膨脹,對下壺水面施壓。
←:水被推入導管,帶到上壺。

←:下壺空氣冷卻收縮,形成吸力,將上壺的咖啡液帶回。

KŌNO咖啡賽風壺的誕生

　　第一個以「Syphon」為名的虹吸壺，出自KŌNO創辦人河野彬先生之手。1920年代初，在新加坡工作的河野彬，因熱中於喝咖啡，一心想研發出方便又實用的咖啡沖煮器具。當時歐洲流行用「比利時壺」（平衡式虹吸壺）沖煮咖啡。比利時壺是左右雙壺設計，再透過管子利用虹吸作用萃取咖啡。但左右雙壺的距離較遠，必須很高的水溫才能開始發揮作用。河野彬於是參考比利時壺的形狀，用燒杯、漏斗不斷研究與實驗，終於規劃出直立式虹吸壺的原型。

創新改良，贏得商機

　　1923年，河野彬回到日本，將原型精製化，成功開發出利用氣壓萃取咖啡的直立式器具。1925年正式成立KŌNO公司，取得日本專利，將之商品化，以「Syphon」為名的虹吸壺就此誕生，成為河野彬的創業代表作。直立式虹吸壺拉近了雙壺間的距離，縮短了沖煮時間，便利性大為提升。目前山田珈琲店店內牆上照片中的桌上器具，就是KŌNO第一代賽風壺，也是二次大戰前的版本。

引領精品咖啡風潮

　　歷經兩次世界大戰，被視為高價奢侈品的賽風壺，一度走入歷史；然而二代社長河野敏夫仍不放棄改良，將萃取效率及品質更加提昇，同時將品名改為「河野式コーヒーサイフォン」（河野式Coffee Syphon），也就是目前所見的第二代賽風壺，重新生產、上市。恰逢1964年，日本的咖啡館蓬勃發展，也帶動了Syphon的熱潮，正式宣告直立式虹吸壺時代的來臨。

山田店裡的老照片，記錄了初代社長用賽風壺舉辦咖啡聚會的盛況。

虹吸壺專用器材介紹
認識虹吸壺

不同於手沖器具，虹吸壺的器材也自成體系，有著自己的特色。

虹吸壺（壺身）

虹吸壺有直立型與平衡型兩種，本書主要
介紹較常見的直立式虹吸壺。

上壺

盛裝咖啡粉用，咖啡粉的浸泡、萃取皆在此
進行。因品牌、廠商的不同，上壺外觀設計
上通常分為圓筒形與圓形兩大類，但沖煮原
理與功能皆相同。

下壺

用來裝水與承接沖煮後的咖啡液。與上壺同
為玻璃材質，外壺上通常會有容量的刻度顯
示，以方便咖啡師操作。

寬胖形上壺的迷思

圖中由左至右分別是：KŌNO
五人份、三人份、二人份的虹吸
壺。二人份上壺收尾處，轉折角
度大、深度很深，能將多餘的咖
啡細粉和雜質卡在周邊。

至於三人份與五人份的上壺，大
小尺寸比二人份的寬胖許多，這
個設計是為了讓手大的操作者方
便沖煮咖啡。有些人聲稱寬胖形
上壺煮出來的風味更加香醇厚
實、口感更棒，只是過度神化，
其實沒有根據。

濾器

虹吸壺的濾器成厚片，上有粗大孔洞，需與濾布或濾紙搭配，置於上壺的底端。

陶瓷製

早期賽風壺多半使用陶瓷濾器，因為較易摔破、毀損，逐漸為金屬製濾器所取代。

KŌNO的陶瓷濾器有明顯弧度，搭配濾布能有效修飾咖啡的味道。

金屬製

多為不鏽鋼製，需搭配濾紙使用。因清潔、保養都很方便，市場接受度愈來愈高。

濾布

虹吸壺的濾布材質，與手沖使用的濾布一樣是法蘭絨，通常搭配陶瓷濾器使用。把濾器放進濾布裡包好，再把濾布上面的線頭拉起來打個結，就綁好了。

使用法蘭絨濾布來操作虹吸壺，是比較正統的做法，濾布可以重複使用的優點也符合環保的訴求，而豆子本身的特性與風味也會表現得較為強烈。

虹吸壺濾布的清洗與保養方式，與手沖的法蘭絨濾布大同小異，連同濾器一起放入熱水裡煮到水滾開，咖啡粉末溶解在熱水裡為止。若一段時間沒使用，同樣要泡在定期更換的淨水裡冷藏，以免滋生細菌。

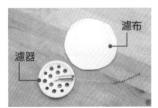

濾布與濾器

包裹濾布的濾器（正面）。

包裹濾布的濾器（反面）。

濾紙

若談到便利性，比起濾布，當然還是濾紙勝出。用濾紙沖煮出來的咖啡，層次明顯且富於變化，也較接近手沖的風味。因此濾紙與濾布，二者各有千秋、不分軒輊。

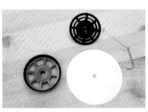

濾紙與搭配使用的濾器。

濾紙與濾器的組合。

加熱器（熱源）

虹吸壺的運作，主要依靠對溫度的控制，需在下壺下方置一加熱器，才能正常運作。

酒精燈

使用前先將像爆炸頭一樣雜亂的棉芯撫順、剪平、拉直。在正常使用的情況下，棉芯不會出現焦黑的情況，如果棉芯或玻璃出現焦黑，則代表酒精濃度有問題（以KŌNO的酒精燈為例，使用高純度工業酒精，酒精濃度高達99.8度）。低濃度酒精有一定的水分，燃燒時會產生碳化，如95、97％等，水分含量就偏高了。

KŌNO的酒精燈，搭配有獨特設計的燈罩。

棉質的燈芯，正確使用可以用很久，用盡也可更換。

使用前的燈芯要先整理好。

登山爐

只要灌足瓦斯就能使用，十分輕巧、便利。

Tiamo陶瓷爐頭登山爐，火力集中，不會散發異味。
（圖片提供：禧龍企業股份有限公司）

攪拌棒

用來將結塊或浮在水面上的咖啡粉拍進水裡，與熱水充分結合。

KŌNO手工竹製攪拌棒。

KŌNO咖啡賽風壺

虹吸壺中的貴族

作為直立式虹吸壺的元祖，KŌNO 咖啡賽風壺有許多與眾不同的設計，讓它在烹煮咖啡時表現優異，不同凡響。

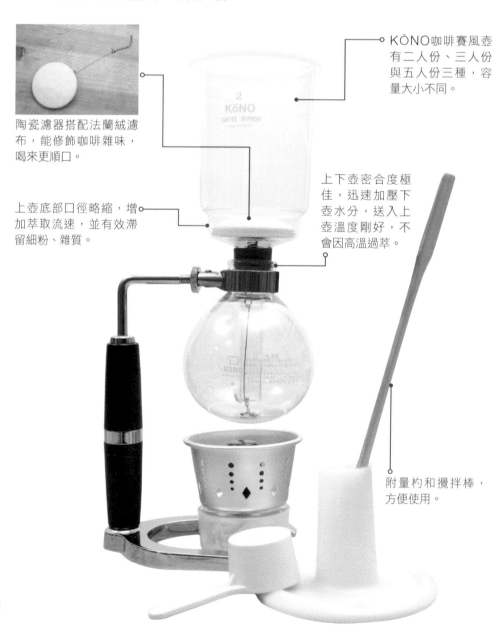

陶瓷濾器搭配法蘭絨濾布，能修飾咖啡雜味，喝來更順口。

上壺底部口徑略縮，增加萃取流速，並有效滯留細粉、雜質。

KŌNO咖啡賽風壺有二人份、三人份與五人份三種，容量大小不同。

上下壺密合度極佳，迅速加壓下壺水分，送入上壺溫度剛好，不會因高溫過萃。

附量杓和攪拌棒，方便使用。

｜ KŌNO咖啡賽風壺沖煮重點 ｜

KŌNO咖啡賽風壺的操作過程，大致可分加熱、攪拌、萃取三個階段。沖煮中因有使用火源，器具材質又以玻璃為主，須特別注意安全。也由於是持續加溫的煮法，所以咖啡成品溫度較高，接近90℃，很適合喜歡喝熱騰騰咖啡的人。

安全注意事項

　　開始沖煮前先將玻璃外壺擦乾。否則加熱過程中若有水滴滴到玻璃的話，容易造成玻璃突然爆裂的情形。點燃酒精燈之前，先將棉芯拉長一點並整理平順，燃燒才會完全。為了怕影響火焰，煮時所有風向來源，例如電風扇等等都要稍微注意一下，可以的話，能暫時關掉最好。

❶ 加熱

　　KŌNO咖啡賽風壺的理想萃取水溫為90℃，想加速沖煮過程，可直接用8、90℃左右的熱水開始煮。為避免太早開始萃取，可先將上壺斜倚在下壺上方，讓濾器的鐵鍊浸入下壺；待鐵鍊冒出連續氣泡，再將上壺裝入。

❷ 攪拌

　　為加速粉水溶合，當下壺熱水都上升至上壺後，即開始攪拌30秒。依序有以下四種手法：

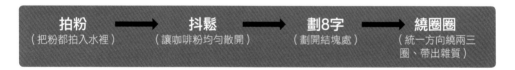

拍粉	抖鬆	劃8字	繞圈圈
（把粉都拍入水裡）	（讓咖啡粉均勻散開）	（劃開結塊處）	（統一方向繞兩三圈、帶出雜質）

❸ 萃取

　　攪拌完後，再煮一分鐘就熄火，等咖啡自動萃取。萃取完後，前後推一下，將上壺取下。下壺的咖啡在倒出前先稍稍搖晃、搖勻即可。

｜ 流程示意圖 ｜

加熱至下壺熱水都升入上壺 ➡ 攪拌30秒，再加熱1分鐘 ➡ 熄火，待萃取完成

KŌNO咖啡賽風壺步驟示範

示範職人：山田珈琲店

黃色潛水艇（配方豆）

「黃色潛水艇」是山田珈琲店的招牌配方
豆，名字取材自搖滾樂團Beatles的歌名，
混合了兩支巴西、一支哥倫比亞的豆種。特
色是焙度較深，分開烘完再混合，注重後韻
的甜味。黑巧克力的味道＋焦糖的甜味＋堅
果的香氣，喝完仍久久不散。

研磨後示意圖 —— 中粗研磨（刻度4.5）

豆種：黃色潛水艇（中深焙）

烘培：中深焙

研磨度：中粗研磨

咖啡粉：24g
（兩平匙，兩人份粉量）

粉水比：1：10

用水量：240cc

水溫：88℃

濃度：1.3%

萃取率：13%

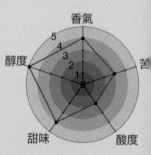

步驟

前置作業

1 將器材組裝好，擦乾玻璃外壺。

3 等待加熱的同時，磨好的咖啡粉倒入上壺內，斜斜放在下壺上面，預備插入下壺裡。

4 持續加熱3～5分鐘，觀察到下壺鐵鍊旁開始冒出連續的泡泡時（此時水溫約93℃），輕輕將上壺插入，讓熱水開始上升。

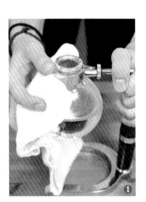

加熱

2 90℃左右的熱水倒入下壺，點燃酒精燈火焰，開始加熱。

Tips

◎刻度4.5是基本的研磨刻度，也適合各種烘焙度的豆子，不需經常變動。若想做出風味上的變化，可透過攪拌、技法或沖煮上的改變來調整。

◎若是只想沖煮一人份的咖啡，同樣建議以兩人份的粉量與水量來沖煮，在品質上比較好控制，水量與粉量太少都較難呈現咖啡完美的風味。

◎由於咖啡粉會吸水，所以一開始可先多裝一公分的水量，萃取完成能達到約莫240cc左右。

攪拌

5 等熱水上升至上壺、碰到咖啡粉時，準備進行30秒鐘的攪拌。

6 拍粉：將浮在上面的咖啡粉拍進水裡。

7 抖鬆：讓粉與水能充分結合。

8 劃8字：以相同方向，重複的劃8字攪拌，把結塊的部分均勻鬆開來。

9 繞圈圈：用力繞兩、三圈，利用離心力把雜質和氣泡甩到外層，從正中間把攪拌棒直立，輕輕抽出。

Tips

◎攪拌完後，可以觀察上壺的分層來判斷萃取情況：最下層是咖啡液，中間是膨脹的咖啡粉，最上層是氣泡。如果中間咖啡粉層太薄，代表咖啡粉沒有充分吸水；最上層氣泡太少，則表示雜質並未充分甩出。氣泡若呈金黃色代表萃取充分，沖煮成功；若呈白色就代表萃取不完全。

萃取

10 攪拌完後讓咖啡持續煮一分鐘。

11 熄火，等待上壺的咖啡往下壺萃取。

12 待萃取完成，前後輕搖一下，取下上壺。

咖啡液滴至下壺

13 咖啡倒出來前先稍微搖晃一下，讓濃度更均勻。

Tips

◎由於KŌNO上壺的特殊設計，萃取完留下的殘粉，會變成中間凹下的山谷形狀，而非一般的山丘形。雜質、細粉、氣泡等，則會卡在口徑緊縮處周邊。

◎上下壺的密合度會影響萃取時的水溫，他牌的虹吸壺可能因密合不佳，造成水溫過高，拉長萃取時間，使咖啡裡不好的苦味、澀味被帶出來。此時就需要用濕毛巾包住下壺，加速冷卻。

摩卡壺起源於義大利，主要透過蒸氣壓力來烹煮咖啡，因此又稱蒸氣沖煮式咖啡壺，或義大利咖啡壺。想喝到香醇濃郁的 espresso 卻又沒有義式咖啡機時，簡單耐用的摩卡壺就是最佳選擇！

PART 3

摩卡壺

摩卡壺的基本原理
彷彿火山噴發的萃取方式

與直立式虹吸壺相似，摩卡壺利用水加熱至沸騰時產生的蒸氣，形成壓力，將下壺的熱水通過導管送至上壺。

▎ 虹吸壺的異國表親 ▎

起源自德國的虹吸壺，水被推入上壺後才開始與咖啡粉的浸泡，浸泡完成後回流；義式摩卡壺的水卻是在加壓上升的過程中就與咖啡粉（位於中層的粉槽）接觸，讓咖啡粉充分吸收水分，再藉由壓力將萃取出的咖啡液送至上壺，沒有回流過程。這種加壓萃取的過程，讓摩卡壺煮出的咖啡口感較濃，與espresso近似，甚至會產生少許的crema。

▎ 摩卡壺原理示意圖 ▎

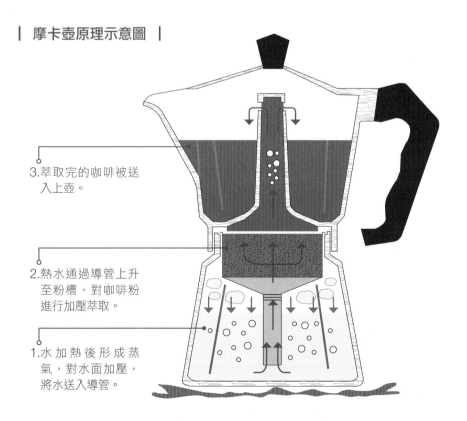

3.萃取完的咖啡被送入上壺。

2.熱水通過導管上升至粉槽，對咖啡粉進行加壓萃取。

1.水加熱後形成蒸氣，對水面加壓，將水送入導管。

摩卡壺專用器材介紹
認識摩卡壺

摩卡壺不易故障，耗材主要只有上壺底部的墊圈，其他配件也不多，是結構簡單好上手的沖煮器材。

| 多種造形的摩卡壺 |

Bialetti水晶玻璃摩卡壺，上壺為高硼矽玻璃，可耐瞬間高溫差。

Tiamo 10週年限量版摩卡壺，小巧可愛。

Bialetti雙耳迷你摩卡壺，上壺平台需置咖啡杯盛接咖啡。

VEV VIGANO Kontessa摩卡壺，不鏽鋼採鏡面處理，精緻美觀。

摩卡壺（壺身）

摩卡壺傳統上使用鋁合金製成，但為了強化加壓萃取的功能來產生crema，現在多使用更加堅固的不鏽鋼。一般分為二人壺、四人壺與六人壺，壺身包括上壺、咖啡粉槽與下壺三部分。

小心仿冒品

要注意的是：市面上知名品牌的摩卡壺，都有仿冒品出現。仿冒品的墊圈材質較軟，往往不夠密合。若是透明墊圈，則幾乎可以確定是仿冒品。有的仿冒品除了墊圈材質，連裡層的金屬也會產生異味，這些都是判斷是否為仿冒品的依據。

∣ 上壺 ∣

上壺的主要功能是盛裝萃取完成的咖啡液，有的摩卡壺為強化產生crema的功能，會在中央加設聚壓閥。底部的金屬濾網和橡膠墊圈具有隔絕咖啡渣和熱水外洩的效果。如果上下壺接合處出現漏水現象，表示墊圈已不夠密合，需要更換。

∣ 粉槽 ∣

位於中層的粉槽是用來裝填咖啡粉的圓形槽狀物，因槽底有濾孔的設計，所以也具備過濾的功能。粉槽容量視幾人份而定，有些品牌會附贈減量片，有的則無。

∣ 下壺 ∣

下壺盛裝煮咖啡用的淨水。其中洩壓閥的裝置，可調節加熱時產生的壓力，幫助熱水上升至粉槽，萃取出最具口感與香氣的咖啡液。

（Bialetti圖片提供：艾可國際股份有限公司）

濾紙

貼在上壺底部濾網部位的濾紙，功用是要避免咖啡粉從粉槽通過濾網時，會透過連通管跑到上壺去或卡在連通管裡，使用濾紙就能達到再次過濾的效果，讓口感更乾淨。
使用摩卡壺煮espresso時通常不使用濾紙，因為會減少crema的產出。但在煮單品時，濾紙就有不錯的修飾效果。

摩卡壺的圓形濾紙。

圓形濾紙用於上壺底側。

加熱器

和虹吸壺一樣，摩卡壺下方需要有穩定熱源，但火力要較虹吸壺來得強。最推薦的是小型瓦斯爐（搭配瓦斯爐架，可清楚觀察火源大小），家用瓦斯爐或黑晶爐也可以。有些人也會使用電磁爐，但要注意與摩卡壺的材質搭配，鋁製的即無法使用電磁爐加熱。

瓦斯爐與爐架的搭配。

VEV VIGANO
Kontessa摩卡壺
來自義大利的精緻工藝

典雅亮麗如藝術品般的造型，即使只是放在廚房當擺飾，也賞心悅目。操作上並不困難，只要確實組裝，並注意填粉手法與火候控制即可。

有2～6杯份的版本，自用、共享兩相宜。

鏡面拋光＋鍍金手把，造型精緻典雅。

不鏽鋼材質，可使用瓦斯爐或黑晶爐等各類爐具加熱。

下壺裝水時不必刻意測水量，但不可高過洩壓閥。

下壺洩壓閥外觀。

VEV VIGANO Kontessa摩卡壺沖煮重點

不同款式的摩卡壺的粉槽容量可能略有差異，因此只要填滿粉槽粉量，搭配未蓋過洩壓閥孔洞的水量為基準來沖煮即可，一般不需事先計算水量與粉量。

過篩

莊宏彰強調，咖啡粉過篩的步驟不能省略，因為太細的粉末會產生較多雜味，影響咖啡的風味。如果沒有過篩器，可以將磨好的咖啡粉先倒入一個紙杯中，稍微輕拍幾下，再輕輕倒入另一個乾淨的紙杯中，將沉在杯底過細的咖啡粉篩掉。

填粉

過篩後的咖啡粉即可填入粉槽。為避免粉末溢出，阻礙上下壺的組裝，因此咖啡粉不宜過滿，但也不宜壓實（會造成沖煮時水流難以順利上升），所以採取先預留多一點的粉量再慢慢推平的做法。

加水與組裝

在下壺注入過濾過的冷水，容量到達洩壓閥下緣的位置即可。之後將上下壺組裝起來。一定要轉緊，不能有縫隙，否則煮的時候咖啡粉會順著卡榫的螺紋冒出來。（不同的摩卡壺組裝方式或有差異，建議使用前詳閱説明書。）

火候控制

組裝完成即可開始加熱。先用小火慢慢煮，煮到咕嚕聲出現（壺內咖啡液開始冒出），且聞到甜甜的焦糖香氣，即可轉大火（以不超過小型瓦斯爐圈外緣為限）。煮至壺內泡沫變少，咕嚕聲更加明顯時，再等10秒即可關火。待冒泡聲結束，即完成萃取。

| 流程示意圖 |

VEV VIGANO Kontessa摩卡壺步驟示範

示範職人：莊宏彰

哥斯大黎加咖啡花莊園金蜜豆 淺焙

產自哥斯大黎加西部谷地的咖啡花莊園，甜度高，口感乾淨清新，水果風味豐富，並帶花香。有較濃的葡萄柚發酵味。

研磨後示意圖 —— 中研磨（刻度3.5~4）

豆種：哥斯大黎加咖啡花莊園金蜜豆

烘培：淺焙

研磨度：中研磨

咖啡粉：25g
（過篩後約23g）

粉水比：1：12

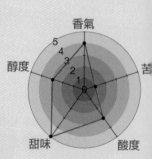

用水量：約300cc
（不超過洩壓閥下緣）

水溫：25℃

濃度：2.2%

萃取率：26%

步驟

前置作業

1 用紙杯裝咖啡粉，輕拍
　後倒出均勻粉末備用。
　（或使用過篩器）

杯底剩下的細粉捨去不用。

2 咖啡粉倒入濾器內。左
　手快速旋轉粉槽、右手
　倒粉，讓粉末平均倒入
　粉槽中，至表面微微鼓
　起為止。

3 左手旋轉濾器，右手以
　湯匙或其他筆直棒狀物
　平放在濾器上，以推平
　粉末，讓粉槽內盡可能
　不留空隙，呈現表面平
　整狀態。但咖啡粉量勿
　超過濾器的溝槽。

4 倒冷水至下壺，容量、
　高度以不超過洩壓閥的
　下緣為主。

5 在上壺底部濾網上沾點
　水，貼上濾紙，讓濾紙
　完全服貼在濾網上。

6 上下壺組裝。

Tips

◎有時咖啡粉也有可能因為
　粉量裝太滿、卡榫的縫隙
　沒清乾淨等原因，導致煮
　的時候水會從下座空隙溢
　出來。

◎加水時若水量超過洩壓閥
　上的孔洞，壓力就會受到
　影響，水就無法通過粉層
　萃取咖啡。

加熱

7 從小火開始加熱。

9 大火加熱到壺中泡沫快冒完、咕嚕聲變明顯時,再等10秒鐘然後關火。萃取完成。

8 咖啡液從上壺冒出來時(咕嚕聲出現,且聞到微微焦糖甜味),轉為大火(以不超過小型瓦斯爐外圍圈圈為主)。

Tips

◎咖啡液冒出的時間約在5分半到6分半,但想要確切把握火候調整的時機,還是得從「聽咕嚕聲」、「泡沫出現」、「聞味道」三者來判斷,不必拘泥時間。

◎前期小火能讓咖啡釋放出來的香氣與風味較為完整。後期大火加速水流通過,避免過萃。如果萃取時間過久,雜質也會變多、濃度也會變厚。

職人
小傳

莊宏彰
創意咖啡的實踐者與夢想家

　　從小就立志往餐飲業發展的莊宏彰，一直以來就不曾偏離原先設定的目標，而是有計畫的遊走於中餐、西餐、吧檯、果雕、飲品相關領域，悄悄吸納各家精華，以至年僅30多歲便練就十八般武藝與一身真功夫，2009年正式由餐飲業轉到咖啡業，便拿下該年度台北咖啡節創意咖啡大賽冠軍，並自此過關斬將、獲獎無數！2010年獲亞洲盃咖啡大師競賽與創意咖啡雙料冠軍，更是華人之中第一位獲得義式咖啡國際競賽的冠軍得主。

走進咖啡的世界

　　廚師出身的他，曾經歷過各種基層的辛苦工作與環境，那些龐雜與瑣碎，造就了他的全面性與抗壓力，即使轉入咖啡業後也一樣受用。咖啡對他而言，雖非人生中的唯一，卻也是最重要的一部分。「咖啡帶給我很多美好與痛苦，但同時也滋養、豐富了我的生命。時間久了，美好的會留下來，而痛的部分我告訴自己不僅要學著接受，還要跟它和平共處，讓它成為『美好的記憶』。」

　　莊宏彰很早就開始為自己的將來做準備。國中畢業後就到餐廳打工，不論內場外場都樂在其中，即使只是在廚房幫忙備料、打雜，他也甘之如飴。勤奮的他，還曾拜託老闆讓他不支薪學習工作經驗。那種對工作、對生命的狂熱，讓人不禁對他豎起大拇指，打從心底佩服。「對我而言，那不只是學習而已，更是一種夢想的實現。」

　　18至25歲時，莊宏彰每半年就換一次工作，中餐、西餐、商業大樓餐廳、學區附近餐館，每種類型都去學習。「因為年輕，想到各種不同環境接受挑戰與訓練，讓自己的經驗更全面。」這樣的策略與計畫，讓他年紀輕輕就身懷絕技、歷練不凡。

用創意點燃生命火焰

　　莊宏彰分別在2008、09年，以「101煙火」及「杜鵑」兩個作品，接連奪得台北創

意咖啡大賽冠軍。他對新品的研發，各種不同食材與咖啡相結合時如何衝撞出不同的創意，有極高的熱情。以往餐廚的資歷，經過時間淬煉，往往讓他在瞬間湧現靈感，以不同的原料研發出別開生面的創意作品。

　　各類食材中，他最推崇的就是台灣農產品。他想挑戰消費者的味蕾，讓消費者了解他的想法與概念。莊宏彰始終認為，咖啡可以跟很多東西相互結合，尤其是台灣在地的農產品，他採用洛神＋桃子＋咖啡，代表作「杜鵑」就誕生了，看似不搭嘎的東西，味道卻意外的契合！

　　創意咖啡傳統都以拿鐵為主，但莊宏彰想挑戰的是黑咖啡，加上創意的改變，展現不同風貌。2015年的新發想，就是以柳丁原汁加上黑咖啡，上層咖啡、下層柳丁，光是顏色變化就能營造出色彩鮮明的視覺感受，一口飲下時，先是咖啡再來是柳丁汁的酸甜味覺，顛覆一般調和咖啡的種類。

專注沖煮，做讓自己和別人都快樂的事

　　莊宏彰認為咖啡產業，包含了農業的種植、工業的烘焙、商業的包裝到後端的沖煮跟服務。「但我只做到服務這一塊，所以我很會沖煮，因為這是我的專業，所以一直沒多涉獵其他領域。我之前的烘豆師譚大哥曾說：『豆子下鍋之後就是你的事了。』這話讓我印象深刻。」莊宏彰還妙喻：沖煮者有點像是第一類組的文法商科系；烘焙者則像是第二類組的理工科系，需懂得熱傳導等原理；至於生豆的種植與挑選，就有如第四類組的農學院了。

　　這樣的分類並不代表彼此無法兼顧，他認為在同業裡，能兼顧烘豆師與沖煮者身分的人很多，而且表現出色，「我覺得他們很棒，但這不是我的選擇。我只是把自己定位在一個沖煮者的角色，盡我所能把工作做好，而且堅持我的想法，如此而已。」他喜歡沖煮，是因為這是最能夠與民眾直接接觸的工作，透過每一次的交流，明白消費者要的是什麼，再清楚的給出去，並且建立自己的風格，這就是他認為的咖啡師價值所在。

　　「我在服務顧客之前，都會先詢問客人的需要，了解客人想喝的味道，微苦的？酸甜的？還是濃郁的？再從客人的答案裡去尋找我要的豆子以及沖煮方式，這才是我的工作。我希望客人能主動告訴我他最喜歡的風味，我也會盡量滿足他們的需求。」這種

實際的互動，讓他很有成就感也很開心，未來還是想繼續專注在這個領域，努力做到最好，這也是他從事咖啡業的初衷。

邁向人生下一個里程

母親曾經問他：「為什麼喜歡做這一行？」他調皮的回答：「因為你常不在家，我只好自己煮給自己吃。」這是玩笑話，事實上，「不管當廚師或咖啡師，每當看到客人吃了我做的菜或喝了我煮的咖啡，露出滿意快樂的笑容，我也會跟著高興。就是這麼單純的動機，也造就了今天的我。可以説，想讓更多人高興、快樂，這就是我的人生目標！為了達成這個目標，所以學會這麼多的技巧。」

經過短暫的休息與沉澱，莊宏彰初履新職，目前擔任成真社會企業有限公司（Come True Coffee）總監，負責咖啡沖煮的訓練與講座。未來他將本著公司創立的宗旨，實踐回饋社會，讓每個人都能夢想成真。公司50%的獲利，將會回饋於世界展望會的非洲掘井淨水計畫，培育並訓練未來對台灣咖啡業界有幫助的咖啡種子。

如果你找到你熱愛的　讓它變成你的一切
如果你還沒找到　用盡所有一切也要找出來
我比任何人都幸運的是　我很早就知道　我熱愛什麼
而且　用我生命的所有　去追尋
過程中有失去　有得到　但那都是我
我還在朝我的夢想前進
我也還在為我的人生下注
希望　你們也是
～莊宏彰～

法式濾壓壺以前多用來泡茶，後來濾網的孔目改良、縮小，也適合用於咖啡的沖煮。設計上簡單方便，影響沖煮過程的變因少，透明玻璃外觀更方便觀察沖泡情況，特別適合初學者。

PART 4

法式濾壓壺

法式濾壓壺的基本原理
簡易直接的萃取方式

法式濾壓壺是步驟簡單、手法便利的沖煮方式，相較於其他方法，技術門檻不高，卻又可以帶來味道更加濃郁的咖啡，表現咖啡原始的風味。

基本原理

　　法式濾壓壺的沖煮原理就是浸泡＋過濾。透過充分的浸泡與過濾，就能萃取出風味絕佳的咖啡。這種方法萃取出來的咖啡最大特色，是能保留較多的油脂，口感滑潤、香氣濃郁。

　　由於使用方式簡單，可供操作、調整的變因也相對簡單，主要包括：咖啡粉的粗細、水溫與浸泡時間三項。如果你對沖煮出的結果不甚滿意，可以試著從這三項變因著手調整。

　　只要掌握幾個細節與重點，法式濾壓壺可以説是沖泡起來最為簡單容易的器具，加上濾布後又能輕鬆濾掉咖啡渣，保留最佳的口感。

法式濾壓壺原理示意圖

A：咖啡粉與水充分混合，浸泡足夠時間。

B：用濾網過濾掉咖啡粉，取得澄清咖啡。

C：過濾完即時倒出，可以避免過度萃取。

法式濾壓壺專用器材介紹
認識法式濾壓

法式濾壓壺又簡稱濾壓壺（press pot）或咖啡濾壓壺（coffee press），主要是由玻璃壺與金屬濾網所組成的咖啡沖泡器具。最早是在 1929 年由米蘭設計師 Attilio Calimani 取得專利。

┃ 其他款式的法式濾壓壺 ┃

Tiamo哥倫比亞雙層不鏽鋼濾壓壺，保溫效果佳。

Tiamo多功能木蓋濾壓壺，木質杯蓋更添質感。

Tiamo幾何圖文法式濾壓壺，設計上頗具現代感。

Tiamo多功能法式玻璃濾壓壺。

（Tiamo圖片提供：禧龍企業股份有限公司）

┃ 法式濾壓壺 ┃

常見的有圓筒形與圓弧形兩種，壺身包括上方含有推壓濾片的蓋子，以及下方的圓形盛
杯。坊間濾壓壺的種類繁多，通常以材質和濾網來分類。

┃ 材質 ┃

耐熱玻璃與不鏽鋼材質最常見
也最普遍使用，保溫效果亦
佳。另外也有特殊材質製造的
濾壓壺，例如紫砂壺，保溫效
果也好，只是產品不多、重量
也較重，適合收藏。

┃ 濾網 ┃

有單層濾網與雙層濾網兩種。
雙層濾網的過濾效果較佳。

**Hario cafepresso雙層隔熱玻
璃，保溫效果好，也不燙手。**

┃ 濾布 ┃

通常法式濾壓使用
方式並不需要濾
布，有些咖啡師為
了過濾咖啡渣才會
使用。

**虹吸壺濾布中央穿
孔，即可用於法式濾
壓壺中。**

┃ 電子秤 ┃

主要用來秤水的容
量，以求精準。

**搭配有歸零功能的電子
秤，方便計算水量。**

法式濾壓壺沖出來的咖啡，優點是油脂感很好、很滑潤，咖啡的油脂感可以在嘴巴裡充分釋放出來，很多人喜歡這種口感，而選擇法式濾壓。

浸泡＋過濾，簡單兩步驟，就能喝到好咖啡。

雙層隔熱玻璃，不燙手，保溫效果良好。

攜帶方便，只要有熱水，到哪理都好用。

金屬濾網設計，不會阻擋萃取出的咖啡油脂與芳香物質。

| Hario CafePresso雙層保溫濾壓壺沖煮重點 |

基本的流程就是浸泡＋過濾，重點在於粉水比的控制，再來就是水溫與時間的掌握，以及浸泡的時間要足夠。浸泡是為了讓咖啡粉和水接觸，並且充分融合，然後萃取出來。

浸泡＋過濾

浸泡用的熱水，通常會選擇低一點的溫度，介於80～90℃。時間以4分鐘最為理想，能充分展現咖啡風味又不會過度萃取。

浸泡結束後就要壓下濾網，下壓前要注意蓋子必須蓋得平整，否則就無法正常下壓，導致咖啡渣從邊緣縫隙跑出。

額外改良

簡嘉程特地介紹了他的改良版本，即在上述做法之外，再加上「加裝濾布」、「過濾前攪拌」兩個步驟。

法式濾壓壺本身濾網大多不夠細密，會有咖啡渣從旁邊跑出，產生濁度。如果要凸顯油脂感，就要把它過濾得更乾淨。經過簡嘉程和好友劉家維共同研究，最理想的方式就是加一塊濾布，喝起來還有虹吸壺煮出的醇厚濃郁口感。如果使用濾紙，反而會吸走油脂。

而過濾前使用攪拌棒攪拌，是為了提高萃取的完整度，因為有時咖啡粉不見得能均勻吸水，攪拌一下可以加速粉水的融合，讓咖啡粉的吸水情況能更平均。

不使用濾布，會有咖啡渣跑出。

使用濾布，濾網上層乾淨無渣滓。

| 流程示意圖（改良版） |

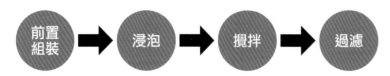

前置組裝　➡　浸泡　➡　攪拌　➡　過濾

法式濾壓壺步驟示範

示範職人：簡嘉程

哥斯大黎加鱷梨莊園蜜處理　淺焙

香氣飽滿，融合了近似蜜茶與果物的酸甜滋味，質地輕滑細膩，入口後擁有近似水梨、李子的酸甜感，甜感鮮明，餘韻則似花香、甜瓜，柔和綿長。

研磨後示意圖 —— 中研磨（刻度3.5~4）

豆種：哥斯大黎加鱷梨莊園蜜處理

烘培：淺焙

研磨度：中研磨

咖啡粉：15g

粉水比：1：20

用水量：300cc

水溫：90℃

濃度：0.4%

萃取率：7%

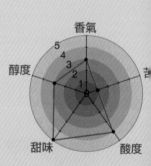
香氣　醇度　苦　酸度　甜味

步驟

1 前置作業
在濾布上鑽洞。鑽好洞的濾布穿過濾網上的扣環，壓平、固定好，備用。

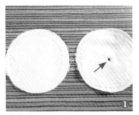

濾布中央穿洞。

原濾網

加上濾布的濾網。

2 將咖啡粉倒入壺內。

3 浸泡
倒入熱水，可以用磅秤或觀察外壺刻度來確認水量。

4 浸泡。計時4分鐘。

5 攪拌
攪拌幾下，讓咖啡粉均勻散開，能充分浸泡在熱水裡。

攪拌

6 蓋好蓋子，保持平穩，以雙手水平下壓。壓到底為止。

保持 水平

下壓至底

7 萃取完成即可倒出，避免過度萃取。

Tips

◎若無使用濾布，咖啡
渣容易透過濾網跑到
上面來，但也有人喜
歡這樣的口感，並無
絕對的好與不好，全
憑個人喜好。

職人小傳

簡嘉程
投身公益的青年實業家

　　2013年12月25日這天，也是國道收費站拆除前的最後一個聖誕節，簡嘉程策畫了一個特別的活動——「到收費站煮咖啡」，前往每一座國道收費站休息室，現場煮咖啡給收費員享用。早在這之前，收費站即將拆除的消息已經曝光，經常往返北中兩地的簡嘉程嗅出收費站的鬱悶氛圍，心裡想著：若有機會，希望能親手煮咖啡給勞苦功高的收費員喝，幫他們打氣，讓他們知道，人生不會因為失去一個工作就此結束。「就像我們常說的，咖啡是可以傳遞溫度的東西。我希望在自己能力範圍之內，多為社會盡一點力量，能做多少就做多少，而且要趕快做。藉由活動，讓國道收費人員明白，台灣社會還是充滿著人情味與同理心。」

國道收費站的「咖啡聖誕派對」

　　聖誕節當天一大早，簡嘉程與兩位同仁開著車，帶著咖啡豆、牛奶和義式咖啡機，往北二高的樹林收費站出發，走完一高回來，再繞到宜蘭，總共22個收費站，前後37個小時，途中不休息不睡覺，一路煮咖啡、送咖啡。他們一站一站停靠，每站都到休息室為收費員煮咖啡，一定煮到每個人都喝滿意了才啟程前往下一站。

　　活動一開始並不順利，雖然簡嘉程和同仁一到休息站就先說明來意，但國道人員無論如何都不相信，「怎麼可能會有這種事？免費煮咖啡給我們喝？是詐騙集團或是賣機器的吧！」從站長到收費員，都以為他們不是腦子有問題，就是別有居心；直到簡嘉程和同伴們開始動手磨豆子、煮咖啡，大家開始喝咖啡之後，才相信這是真的。從最初的不相信、不接受，到後來覺得不可置信，以至感動到熱淚盈眶。「也許是現在的社會太複雜了，當有些人真的想回饋社會做一點事時，還會遭到質疑，甚至重重阻礙。」簡嘉程感慨的說。

傳遞一杯咖啡的溫度

活動愈來愈順暢，喝咖啡的人高興、煮咖啡的人更開心。「這種感覺真的很棒。對我來說，我分享給他們的只是一杯咖啡，但他們回饋給我的卻遠遠多過這些。因為這次的活動，讓我第一次沿著高速公路收費站完成環島的心願，多麼特別的經驗！我人生中好多第一次都在這次行程中出現。因為國道收費站的大哥大姐們，讓我有機會去體驗人生、認識台灣，所以該道謝的應該是我才對。」

連續37小時的馬拉松式活動，到底煮了多少杯咖啡？其實無從估算，因為大家都喝上癮了，還會再拿隨行杯來多裝幾杯。為顧及大眾口味，當天清晨還先煮好了桂圓紅棗薑湯，加上咖啡和牛奶，就是一杯心意滿滿的創意拿鐵！紅棗取其「工作好找」的諧音；桂圓是祝福他們未來的日子一切圓滿順利；薑做為袪寒之用。在寒冷的冬夜，能喝到一杯加了桂圓紅棗薑湯的咖啡拿鐵，再暖心不過。大家非常感動，哭得淚流滿面，也從這一杯杯熱騰騰的咖啡裡得到鼓舞與力量。

從活動細節的規劃與安排上可以發現，在簡嘉程酷酷的外表下，隱藏著一顆極度柔軟的心。「我很開心在旅途中遇到的人事物，在這一站遇到什麼人，在那一站發生什麼事，凡此種種，都是我人生路途中最美好的回憶。」

從咖啡看全世界

除了柔軟感性的一面，簡嘉程在咖啡領域上也有其理性的獨到見解。「曾有學者分析，民國103年，台灣每人每年平均喝下113杯咖啡，平均每人一天喝0.3杯。再以人口總數2億多的日本為例，人們飲用咖啡的數量竟高達台灣的50倍，也就是每個日本人平均每天可以喝到兩杯咖啡。至於北歐國家，每人每天更喝到5杯之多。由這幾個數據來解讀，台灣的咖啡市場還有很大的發展空間。」簡嘉程分析著。如果以台灣每人每天平均1杯咖啡的量來計算，整個市場的成長則高達三分之二，這是非常驚人的數字。簡嘉程認為，不論是超商的平價咖啡、國際連鎖體系咖啡館還是即將進軍咖啡市場的金融集團業者，都絕對是個把市場做大的機會。

只要有時間，簡嘉程就會前往咖啡產區參觀。前兩年鎖定在中美洲，2015年著重在台灣本地，2016之後則希望能到非洲去看看。「自從做咖啡以後，我才有機會全世界走透透，主動了解各國各地的風土、環境、種植條件，參考相關文獻資料與數據，收穫很多。也才真正了解關於咖啡的各個環節與面向。台灣的有機認證並不比國外差，相較於

巴西、哥倫比亞這些咖啡主要輸出國，小國、小農是不可能使用農藥的；尤其落後貧窮地區的農民，連買農藥的錢都沒有，更不用說使用農藥了。他們種出來的其實就是有機產品。」

創造人生的價值

聽簡嘉程不疾不徐的講述著，每天行程滿檔的他。不僅分身有術，更期許自己能發揮影響力，以咖啡為出發點，回饋社會、參與公益，創造更多人生的價值。簡嘉程每個月往返台北、台東，為台東戒治所受刑人上課，他們在鹿野種植咖啡，培養一技之長，「期盼他們重返社會之後，不論從事何種行業，都能在忙裡偷閒的短暫時刻裡，懂得如何品嘗一杯真正的好咖啡，這樣的能力。對我來說，這就夠了。」

愛樂壓是愛樂比（Aerobie）公司在 2005 年推出的產品。狀似注射器的它，方便攜帶、清理，結合浸泡、擠壓與過濾，輕鬆煮出高品質的咖啡。口感與義式咖啡機接近，濃郁中仍保有細緻的風味。

同場加映
愛樂壓

愛樂壓的特色
橫空出世的新世代沖煮器

愛樂壓是 2005 年前後，由美國一家專門生產飛盤的公司 Aerobie 所研發出的新產品。該公司早期以生產塑膠玩具為主，旗下的環形飛盤還曾創下全球最遠的擲遠紀錄。

┃ 最有趣的手作沖煮 ┃

以咖啡工具而言，愛樂壓無疑是近年最受矚目與歡迎的咖啡沖煮器具。它結合了童趣的娛樂效果，以及輕巧、便利、容易操作等的特性。

外包裝上標示的「espresso maker」字樣，清楚說明其原創精神來自「外出型義式咖啡機」的發想。不論在戶外、室內或旅行，都能輕鬆壓出一杯很棒的咖啡！而且可依個人喜好或需求，加熱水或牛奶，製成熱美式、卡布奇諾與咖啡拿鐵。與義式機相比，風味更是毫不遜色。

如此多元運用、富於變化的特性，讓愛樂壓堪稱近十年來最夯、最有趣的咖啡沖煮器具，甚至從2008年開始，每年都有世界級的愛樂壓大賽。

┃ 愛樂壓原理示意圖 ┃

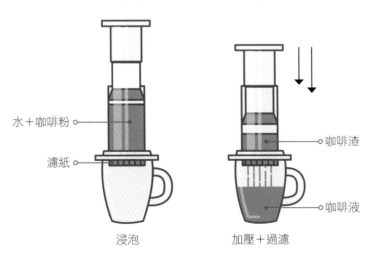

水＋咖啡粉

濾紙

咖啡渣

咖啡液

浸泡　　　　　加壓＋過濾

愛樂壓器材介紹
認識愛樂壓

愛樂壓採六角形紙筒包裝，內含壓桿、濾筒、濾器、專用濾紙（350 張）、濾紙座、進粉漏斗、攪拌棒與咖啡量匙（一匙約 15g）。

｜ 壓桿（壓筒）｜

底部橡膠製密封塞能產生氣密效果，靠著所形成的壓力，將液體完整擠壓出來。

｜ 濾筒（沖煮座）｜

筒身上清楚標示的①②③④號碼，代表容量的刻度，每個刻度有60cc的容積，可取代秤重工具。

｜ 濾器 ｜

有孔洞，一定要裝上濾紙才能使用。

▎ 濾紙和濾紙座 ▎

每個全新包裝愛樂壓皆附贈350張濾紙，
並有專用濾紙收納座。

▎ 攪拌棒 ▎

寬度只略窄於沖煮器口徑的設計，使得深
入底部攪拌時，可充分將未沾濕的粉末完
全沾濕，並浸潤於熱水之中。

▎ 沖煮架 ▎

在杯子的選用上，應選擇負載強度足夠、
操作下壓動作時杯身能保持穩定狀態的杯
子，直筒式馬克杯為首選，其次是杯身穩
固的隨行杯。上寬下窄的咖啡杯因結構不
夠穩固，並不適合。玻璃下壺則因玻璃材
質相對脆弱，且有開口，絕對禁用。如果
沒有合適的馬克杯，建議訂製高度適中的
愛樂壓沖煮架。

▎ 進粉漏斗 ▎

可承接磨好的咖啡粉至沖煮器內，避免灑
到外面；口徑較小的隨行杯，也可藉助六
角形的漏斗承接咖啡液至杯中；還有第三
個用途是可倒放變成置物架。

被戲稱為「大針筒」的愛樂壓，不只使用方便，更充滿操作性。看似簡單的設計，卻也能變化出無限可能。

愛樂壓沖煮重點

愛樂壓主要沖煮方式有二：正放法和倒置法。前者是原廠使用方式，後者則是由愛樂壓的使用者們開發出來的新方法。但沖泡原理都是相同的：包含第一階段的「浸泡」與第二階段的「擠壓」。

正放法

愛樂壓以「義式機的外出替代工具」為主要概念。所以與義式機相同，適合使用細研磨顆粒，搭配較快速的擠壓節奏（細研磨的空隙小，熱水不會太快通過）。以正放法萃取出的咖啡，口感與義式機近似度達95%以上。整體來説，正放法浸泡時間短，施加壓力大，在咖啡的表現上，清澈度較低，風味、線條較不清楚，口感偏甜。

倒置法

隨著愛樂壓的使用者增加，不少人開始嘗試不同的沖泡法，例如搭配更粗的研磨顆粒或不同的烘焙度。正放法無法完整呈現這些參數的改變，倒置法也就應運而生。粗研磨的咖啡粉，若使用正放法，會使熱水太快通過咖啡粉層，造成萃取不足。運用倒置法可以讓咖啡粉充分的浸泡。咖啡整體表現上，清澈度高，酸質會較明顯，味道的細節與層次感也會更清楚。

流程示意圖

正放法

倒放法

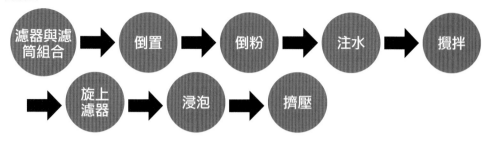

正放法與倒置法的示範比較		
差異　　方法	正放法	倒置法
咖啡粉粗細	細研磨	較適合粗研磨
浸泡時間	短	長
萃取物質	擠壓萃取物質較多	擠壓萃取物質較少
風味	偏甜	酸質明顯
層次	層次較不清楚	細節明顯，層次分明
清澈度	咖啡液較混濁	咖啡液較為清澈
常見用途	espresso等中深焙咖啡	淺焙的單品咖啡

Tips

◎以上比較僅顯示職人示範時的差異，並非絕對如此操作。可依個人喜好自由調整，多方實驗，創造屬於自己的創意沖煮！

愛樂壓的選購配件與購買方式

　　一般愛樂壓皆採濾紙過濾，口感相對乾淨。如果想要嘗試咖啡油脂更濃郁的風味，可以考慮選購美國Able Brewing出品的愛樂壓專屬不鏽鋼濾網（有「標準」與「極細」2種規格）。使用金屬濾網，可以節省濾紙的消耗，相對環保；而且壓出的咖啡，口感也更接近法式濾壓壺，喜歡濃郁口感的讀者不妨一試。

　　另外，Able Brewing也有推出愛樂壓專用的防塵蓋，套在清潔完畢的濾筒上，可避免髒汙跑入，下次沖煮前即不必再次清潔，方便隨身攜帶使用。

　　目前若想購買愛樂壓及相關耗材、配件，除在一般咖啡用品零售商購買外，也可找愛樂壓在台總代理——甘迪曼有限公司，透過網路訂購。

　　甘迪曼有限公司官網： http://candyman.com.tw/aeropress

愛樂壓（正放法）步驟示範 示範職人：王樂群

肯亞水洗Kangunu

中深焙的肯亞水洗Kangunu，入口帶有熱帶水果、黑莓、黑醋粟等風味，尾韻如柑橘般回甘。

本單元由2015年台灣愛樂壓大賽冠軍、現任道南館咖啡師暨烘豆師——王樂群示範，並詳細說明兩種常見的愛樂壓沖泡方法：「正放法」與「倒置法」，讓初學者也能一目瞭然、即刻上手。

研磨後示意圖 — 細研磨（刻度1）

豆種：肯亞水洗Kangunu

烘培：中深焙

研磨度：細研磨

咖啡粉：22g

用水量：120cc
（容量刻度②）

水溫：80℃

粉水比：1：8

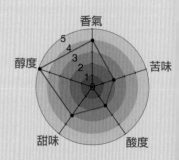

步驟

前置作業

1 從濾筒底部推動壓桿,將壓桿輕鬆拉出。

2 濾紙放入濾器,滴幾滴水,讓濾紙服貼。

3 將濾器鎖上濾筒,旋緊。

4 濾筒豎立於穩固的杯子上,進粉漏斗置於濾筒上,倒入咖啡粉。並稍微搖晃濾筒,使咖啡粉平均鋪勻。

浸泡

5 注入80℃的熱水至容量刻度②。

6 以攪拌棒把浮上來的咖啡粉壓到水裡面,接著伸到底部充分攪拌,約10秒鐘完成(最長不超過30秒)。

擠壓

7 套上壓筒,手肘彎曲、下手臂與水平面呈垂直角度,以單手均勻平緩的向下擠壓,20～60秒內完成擠壓。

Tips

◎濾器若沒鎖緊,會造成液體或細粉洩出,沖煮結果會不太理想。

◎愛樂壓好玩之處,在於容錯率很高,拿來做深焙、濃縮咖啡,即使稍有誤差,結果都還令人滿意。

◎用過的愛樂壓經過清洗,收納之前,請將壓桿推到底,確保橡膠密封塞不變形,延長使用壽命。

愛樂壓（倒置法）步驟示範

示範職人：王樂群

▌ 肯亞水洗Kangunu ▌

淺焙

淺焙的Kangunu有著白甘蔗般的清甜，帶有楊桃香氣，經過口感明亮有質量。

研磨後示意圖 —— 粗研磨（刻度9）

▌ 豆種：肯亞水洗Kangunu ▌

烘培：淺焙

研磨度：粗研磨

咖啡粉：15g

用水量：150cc

水溫：86℃

粉水比：1：10

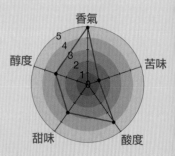
香氣 醇度 苦味 甜味 酸度

步驟

前置作業

1 將壓桿套進濾筒，塞好。

2 將套好壓桿的濾筒倒置在電子秤上，咖啡粉倒入濾筒內。

浸泡

3 注入86℃的熱水，開始計時。以電子秤計量到150cc便停止注水。

4 30秒後，以攪拌棒來回攪拌數趟，並將浮在表面的粉壓到水裡。

5 將裝好濾紙的濾器鎖上濾筒，旋緊。靜置。

6 1分40秒後，轉為正放法。

擠壓

7 置於馬克杯上方，手腕與手臂與水平面呈垂直角度，以單手均勻、緩慢的擠壓。在60秒內完成擠壓。

Tips

◎正放法使用細研磨咖啡粉，搭配較低的水溫，可以平衡酸質的表現；倒置法使用粗研磨咖啡粉，可搭配較高的水溫來沖泡。

整理／邱昌昊

世界咖啡大賽
咖啡界的年度盛事

想沖一杯好咖啡，除了持之以恆的練習外，也可考慮積極參加賽事來磨練自己的技術。而說到咖啡賽事，就不能不提咖啡界的年度盛事——世界咖啡大賽。

世界咖啡大賽World Coffee Events（WCE）

世界咖啡大賽（或稱世界咖啡組織）由歐洲精品咖啡協會（SCAE）與美國精品咖啡協會（SCAA）合作成立，每年定期舉辦全球咖啡賽事，包括：

＊世界咖啡大師大賽World Barista Championship（WBC）
＊世界拉花藝術大賽World Latte Art Championship（WLAC）
＊世界咖啡沖煮大賽World Brewers Cup （WBRC）
＊世界咖啡調酒大賽World Coffee in Good Spirits Championship（WCIGS）
＊世界咖啡杯測大賽World Cup Testers Championship（WCTC）
＊世界咖啡烘焙大賽World Coffee Roasting Championship （WCRC）
＊世界土耳其咖啡大賽World Cezve／Ibrik Championship（WCIC）

各項賽事中，「咖啡大師大賽」以電動義式咖啡機為主要沖煮器材。而名稱相近的「咖啡沖煮大賽」，則限定沖煮器材必須是「手動」的，不得使用熱源以外的其他動能；這些「手動」器材，正是本書介紹的重點。

咖啡沖煮大賽（WBRC）基本規則

咖啡沖煮大賽中，除磨豆機外，選手只能使用手動沖煮器材。有2種比賽方式，一是「指定沖煮」，一是「自選沖煮」。

「指定沖煮」使用主辦方提供的咖啡豆，有5分鐘的準備時間，以及7分鐘的比賽時間（實際沖煮、呈送），不做額外的介紹或表演。

「自選沖煮」使用選手自備的咖啡豆，有5分鐘的準備時間，以及10分鐘的比賽時間，呈現給評審的同時，要結合展演元素，加深咖啡體驗。

2項比賽方式，皆要在時間內完成3杯不含其他添加物的熱咖啡（3位評審1人1杯），咖啡濃度不得超過2%；每杯咖啡體積須介於150到350mL，如果少於120或多於375mL，則該杯咖啡將喪失評分資格。

台灣地區選拔

看完咖啡沖煮大賽的簡介，是否也讓你興起一試身手的念頭呢？不過在出國比賽之前，得先從地區選拔賽中脫穎而出。目前台灣地區選拔由「台灣咖啡協會」（Taiwan Coffee Association）主辦。各項賽事的舉辦時間以及每年的情況都略有不同，有志參加者請到台灣咖啡協會官網查詢。台灣咖啡協會官網：http://www.taiwancoffee.org/

Chapter 2
咖啡職人的咖啡館

矗品咖啡

蘆洲集賢路上的新興咖啡店

強調自家烘焙與咖啡教學，並以融入在地文化為經營特色，使得甫於2015年開幕的矗品咖啡，在蘆洲一帶已逐漸建立起知名度，擁有不少的追隨者。老闆李明儒早期曾任職於胡元正的「饕選咖啡」，在胡老師的調教下，對於沖煮指導、開店諮詢方面學有專精，能在短時間內迅速發現沖煮問題並予以校正，是多家開店業者的咖啡沖煮技術指導。

回到原始的初心

李明儒是道地的蘆洲人，與蘆洲有著很深的地緣關係。「我小時候的蘆洲，還只是個人煙稀少，到處都是農田的僻壤之地。」曾幾何時，集賢路上高樓大廈櫛比鱗次，銀行、商辦林立，人口結構的改變為此地帶來劇烈的變化，現在的蘆洲已不是人們既存印象中的荒蕪之地。會決定開這家咖啡店，主要原因是想幫已故母親圓夢。李明儒從中學時候開始，生活周遭就時時刻刻圍繞著咖啡與香氣，愛喝咖啡的母親天天在家沖煮咖啡，「開一家咖啡店」是她畢生最大的夢想。後來母親罹病，開店的計畫就此耽擱下來。母親過世後，李明儒與妹妹決定從門檻較低的傳統早餐店開始嘗試，並大手筆購置一台商用義式咖啡機現煮咖啡，這在當時十分罕見，曾引起一陣不小的騷動，因咖啡品項的價格不變，因此也培養出一批愛喝咖啡的忠實顧客。李明儒從早餐店踏出第一步，由義式咖啡機出發到其他咖啡沖煮法的鑽研與烘豆技術的進修，展開一場學習之旅。

2014年，李明儒拿下「海南福山國際咖啡冠軍挑戰賽」的冠軍之後，醞釀多年的開店想法瞬間清晰起來。翌年3月，矗品咖啡正式成立，至此才真正完成母親的夢想。會選在集賢路上定錨，理由很簡單，因為店面是父親的，而且離家很近。李明儒笑著說：

DATA
地址：新北市蘆洲區集賢路220號
營業時間：13:00〜20:00（週四公休）
聯絡電話：（02）2289-9329

「還是要付店租啦！只是沒有包袱與限制，有較多揮灑的空間。」當然，孝順的他也希望提供一個沒有任何壓力的場所，讓退休的父親可以隨時招待自己的朋友，享受舒適的咖啡時光。另外一個原因是，相較於台北市區精品咖啡市場已趨飽和的情形，蘆洲這地區就像是咖啡沙漠，是極具潛力與發展空間的處女地。

趣味店名，深刻用意

店名取做「矗」，其實來自李明儒父親的創意。李爸爸認為，咖啡與香氣有絕對的關連性：烘豆時很香，煮咖啡時很香，聞起來很香，喝起來更香，一連串的香氣的總合，就結合為「矗」（發音同「興」）這個字，三是多的意思，三個香字則代表許多香氣之意。單純的發想卻衍伸出多重的用意，意義不凡。

能回到自己家鄉，從小居住的地方，憑藉著地利人和的優勢，加上自己的努力來服務客人，分享關於咖啡的心得與理念；讓在地民眾知道，想喝好的咖啡不用大老遠跑到台北市去，在蘆洲的矗品咖啡就有了。此外，李明儒想以自己所學，分享給想要踏入這個行業的人，一個學習咖啡、了解咖啡的管道。所以開店以後也同時規畫咖啡相關課程，包括烘豆、義式、手沖等，利用開店前與打烊後的時段進行教學。其他關於開店業務的細節也一併提供諮詢。

全方位的服務

要訓練一名專業又熟練的吧檯手需要一段時間的養成，但有些計畫開店的業者不太

可能先訓練好吧檯手再開店，李明儒的任務就是協助這類客戶在一定時間內，制定出一套安全的模式，讓客戶能夠適應，「接下來再逐步加強客戶端吧檯的訓練，直到他們上手為止。所以，將各種沖煮技巧以簡單易懂的方式傳授給委託的客戶，協助他們解決問題、排除困難，也是我們的強項之一。」值得稱許的是，矗品咖啡提供的是全方位「一條龍」的服務。如果客人買了矗品咖啡的豆子回去，以同樣器具沖煮出來的味道，卻跟在店裡喝的落差太大的話，店家會很樂意為客人抽絲剝繭、找出癥結所在。「這是我開的店、我賣的豆子，我就有責任與義務將正確的沖煮法分享給客人，這也是開這家咖啡店最重要的意義與目的。」

店內提供的單品豆與配方豆全為自家烘焙。位處住商混合區的大馬路旁，挑高的天花板讓室內空間顯得相對寬敞，即使容納了大型烘豆機也不顯擁擠。對於烘豆機的管理，李明儒尤其花了一番工夫。有別於多數店家通常只做靜電或再加活性碳二道處理，矗品咖啡則再加上「水洗」這個程序。第一道先使用水洗機將油類清掉，第二道靜電機則用來去除油煙，第三道活性碳的功能主要是去除過重的味道。由這些細節可以了解店家經營的用心。

在咖啡選項方面，菜單上清楚標示著每支咖啡豆的處理方式與烘焙度，特色之一是以義式咖啡機做單品咖啡，「1＋1濃縮組合」（一杯濃縮咖啡＋一杯卡布奇諾）是熱門商品，點單率非常高。李明儒想要做出獨特風味的單品濃縮，他訴求的是足夠的黏稠度，「因為黏稠的口感才會有甜感。」店內甜點亦皆自製，香蕉磅蛋糕、雪藏乳酪、麻糬鬆餅等，種類不多但用料實在。其中香蕉磅蛋糕是咖啡師鍾志廷的拿手料理，也是店內的招牌甜點，「甜點若跟廠商批發，缺乏自家特色，成分、原料也無法完全掌控，自己親手做不僅讓客人放心，也代表著我們最大的誠意。」

職人的
咖啡館

Single Origin espresso & roast

敦南商圈裡的單品濃縮概念店

地　　址：台北市大安區敦化南路一段
　　　　　161巷76號
營業時間：12:00～21:00
聯絡電話：（02）8771-6808

　　雖然位居台北東區的黃金地段，S.O.概念店的
招牌、店面卻極其隱密，若非有人指引，還真的很難
找到。一扇醒目的木製大門，是咖啡店入口，也像是
與外界的唯一通道，厚實穩重的質地，增添了神祕
感，也讓人急於一探究竟。

開放空間，開放心態

　　推門而入，寬敞、簡潔的吧台區是最大亮點。
「我覺得吧檯是一家咖啡店的靈魂，是最重要的區
域，主要訴求是『專業』，所以黑色是主色調，材
質則為花崗岩，講求堅固耐用。」吧檯設計得比一般
都來得寬，但高度卻至少降低15至20公分，這是店
長黃吉駿（阿吉）的用心與巧思。通常，吧檯除了
是工作區域，另外還有遮蔽吧檯內物品與設備的功
能，所以會有一定高度，多點隱密性，免得讓人一覽
無遺，但阿吉完全打破這種思維。他刻意降低吧檯高
度，拿掉這層阻隔，拉近彼此之間的距離，也讓客人
可以清楚知道吧台工作的內容，咖啡師能更敞開心胸
自在分享沖煮的心得，讓吧檯真正成為意見交流的平

台，為想與咖啡師互動的熟客們，提供最自在、親切的體驗。這就是阿吉想要傳達的概念——「開放的空間，開放的心態」。

店內另一個主區塊是客席區，強調溫暖、舒適、放鬆的氣氛，所以採用觸感極佳的原木為主素材，書櫃、桌椅、戶外座位區都以此為整體概念而設計。戶外區就是緊鄰落地窗旁的半露天玻璃屋，錯落有致的木箱搭配上軟墊，開放式的獨立空間設計，呈現最優閒自適的氛圍，可說是三五好友聊天聚會的最佳場所。此外，牆上的攝影作品與架上的書籍，緊扣著藝術的氛圍，櫃上展示的各式獎盃，更是阿吉樂於和客人分享的人生經驗。在有限的空間裡，盡顯店主人的風格與特色。

強調純飲的新思維

在籌備開店期間，黃吉駿觀察到市場上較少只提供單品濃縮咖啡的咖啡店，這個構想讓他很心動，「或許這會是個契機！」之後喝到莊宏彰親手沖煮的單品濃縮咖啡，他大感驚豔之餘，更下了「就是要經營單品濃縮咖啡店」的決定。所以，目前店內除秉持只提供單一產品濃縮咖啡（Single Origin espresso）的主要概念外，並以能夠負擔的簡易茶飲為輔，加上幾樣搭配的自製手作點心，讓消費者能充分享受單純飲用有特色的好喝咖啡。

如果客人點了咖啡，還能在義式咖啡機、手沖與愛樂壓三種沖煮方式中選擇其一，當然咖啡豆依舊只有單品的選項，即使義式機也不例外。義式咖啡是以一套兩杯（1+1）的方式來服務顧客，一杯濃縮咖啡加上一杯義式牛奶咖啡。espresso的濃郁與義式牛奶咖啡莓果＋牛奶的香氣，兩種迥異的風味形成強烈對比，感受非常深刻，確實不單單只是好喝而已。純粹、單一的口感，單純卻不單調，豐富飽滿的莓果香氣與風味，一口一口慢慢啜飲，竟然感覺有些微醺……。

山田珈琲店

日本KŌNO器具台灣專賣店

山田珈琲店於創業初始從事的是牙買加藍山咖啡生豆的代理，名片上出現的蜂鳥圖案，正是牙買加的國鳥，也說明了山田珈琲店當初這一段歷史與淵源。

KŌNO本格派在台唯一傳承

「本格」一詞引進自日本，指的是「正統」、「正宗」之意。2009年山田珈琲成立後，即以有系統的完整代理並銷售日本KŌNO品牌的咖啡器具為主要業務，包含KŌNO的器材、器具、沖煮方式，以及咖啡教學的講座課程。雖然KŌNO的品牌策略一開始主要針對店家，但隨著在家自己沖煮咖啡的風氣愈見興盛之際，向來樸實低調的KŌNO，也逐步開發家庭市場，著手生產彩色系列濾器、木柄把手玻璃下壺商品等，讓想在家裡沖出一杯風味絕佳的咖啡的民眾，都能有更多不同的品項可以選擇。

山田珈琲店與一般咖啡店不同，不賣一杯一杯的咖啡，小小店面裡一張長形吧台最多可容納五、六張椅子，這裡就是店家示範沖煮咖啡的沖煮檯，也是與上門選購器具、咖啡豆的客人交流互動的空間。雖然不提供一般咖啡店的服務，但民眾只要進到店裡，任何關於豆子、器具或沖煮方式的疑問，店家都很樂於說明，並現場示範沖煮，與您分享一杯杯風味絕倫的咖啡。

位在中和捷運站附近熱鬧巷弄內的山田珈琲店，進門右手邊，整齊擺放著一罐罐烘好的新鮮咖啡豆，從淺焙、中焙、深焙到極深焙，日曬、水洗、蜜處理，一應俱全。左手邊則陳列著各式器具、器材，包括賽風壺組、錐形濾器系列、濾紙、濾布、手沖壺、磨豆機等，從咖啡豆到沖煮器具的選購，都可在此一次完成。雖然大街小巷咖啡館林

DATA

地址：新北市中和區新興街17巷9號1F
營業時間：13:00～21:00（週二公休）
聯絡電話：（02）8925-3770

立、選擇也很多，但消費者的咖啡意識與層次已日漸提升，自己動手沖煮也成了一種趨勢。若以品質很好的咖啡豆來説，自己沖煮其實更符合經濟效益、也更有樂趣。山田珈啡店就像「咖啡顧問」一樣，提供了這樣的環境、服務與諮詢管道。

喝咖啡的正確觀念

　　店長表示，想要自己動手沖煮出一杯好喝的咖啡並不難，只要遵守幾個條件就能做到。第一，豆子要新鮮。如果使用到不新鮮的材料或原料，怎麼煮都不會好喝。第二，選擇能用適當烘焙方式烘豆的店家。有了好的新鮮的食材與原料，也要有懂得料理的店家，到這樣的店家去買豆子。第三，選對沖煮器具。第四，懂得器具的正確使用方式。如果能做到這四件事，絕對可以沖煮出一杯非常棒的咖啡！

　　許多民眾認為，自己又不是專業咖啡師，在家沖泡的咖啡，能喝就好。其實，一杯好喝好品質的咖啡，是可以讓人放鬆心情、擁有幸福感的。好的咖啡喝了不但不會心悸、不舒服，身體也不會有任何負擔，晚上不但不會失眠，還會很好睡。讓民眾都能體驗到自己沖煮咖啡的樂趣，也是山田珈啡店正在努力的目標。

　　很多咖啡店因為量大，基於成本、人力種種因素的考量，不太可能事先挑豆子，好的不好的豆子一起烘焙一起磨。不好的不健康的豆子裡面有很多蟲蛀、發霉等狀況，這些對身體都會造成不良的影響，也是形成心悸、胸悶、失眠等現象的主因。因為深刻了解不健康的咖啡豆對身體的負面影響有多大，因此山田珈啡店內對生豆的採購十分嚴格，會在店裡販售的咖啡豆，都是經過層層篩選，沒有瑕疵、蟲蛀、發霉這些狀況，對

身體不會產生負擔的咖啡豆。

以認真負責的態度，提供健康美味的好咖啡

　　有的豆子還沒長大、成熟，照樣採收下來，賣到世界各地。但在山田珈琲店，這種豆子都會被挑掉，通常送到店裡的生豆，品質已在水準之上。然而基於好還要更好的堅持，店裡還會再淘汰9～14％左右，即使是已先經過處理的精品豆，到店裡還會再挑掉6％左右。只有當年做牙買加藍山生豆時，因為是非常頂級的豆子，在產區已事先處理，所以淘汰率不到3％，山田珈琲的嚴謹程度可見一斑。經過層層關卡挑過的健康好豆子，再經過正確的沖煮方式呈現出來的咖啡，可以喚醒我們五感的神經，還未入口前的甘甜香氣首先挑起了嗅覺，一口入喉後的濃郁醇厚，黑巧克力＋堅果香氣＋焦糖甜味，更是餘韻無窮。

　　雖說只要有豆子出現發霉、蟲蛀現象，同一批豆子或多或少就有可能也受到感染，豆子挑得再仔細再用心，也很難達到百分之百零瑕疵的地步。但在目前尚未有科技或儀器可完全克服這項缺失之前，像山田珈琲店這樣願意花較高成本進口優質咖啡生豆、在源頭嚴格把關，並且花較多時間與人力一再挑豆的做法，已是非常負責任的態度。身為消費者，誠摯期盼山田珈琲店能秉持如是精神與原則，永續經營、持續傳承。

　　從生豆的挑選、烘焙的技術，到器具的選擇與沖煮方式的傳授，山田珈琲店提供了咖啡業中上游的全方位服務，除了販售相關器具與咖啡豆，更定期於店內開設咖啡沖煮課程，分享沖煮技巧與咖啡訊息。只要經過基本的訓練，搭配正確的沖煮器具與方式，加上品質不錯的豆子，自己沖一杯好咖啡的願望，一點都不難實現。此外，希望民眾都能喝到健康的好咖啡，了解健康咖啡的優點，能充分享受好咖啡的樂趣與益處，更是山田珈琲店想要傳達的咖啡哲學與理念。

職人的
咖啡館

咖啡葉
來自中台灣的「葉店」傳奇

　　原木吧檯、皮質沙發、牆上的木吉他和各類藝文沙龍訊息，「濃濃的文青味」是咖啡葉給我的第一印象。店內空間不大，但卻舒適迷人，往外拓展的半戶外座位區，挑高的天花板與延伸的空間，更讓咖啡葉多了一份開闊的感覺。

　　刻意選了星期一採訪，原以為可以避開人潮，沒想到開店不到兩小時就客滿，外帶咖啡的比例也相當高，忙碌的沖煮檯上，不停的端出一杯又一杯的琥珀色汁液，整個下午門庭若市、顧客絡繹不絕，讓人見識到這家咖啡名店的驚人魅力。

　　隱身於台中市豐原區巷弄內的個性咖啡店，外觀不起眼、內裝也樸實無華，卻能闖出一番名號，一定有其獨到的經營模式與特出之處。

逆勢操作的「酸咖啡專賣店」

　　九年前，葉世煌的店還在市區博愛街，店名也叫咖啡葉，但店面是租來的。當時淺焙的豆子接受度還不高，因此他還兼賣早餐、鬆餅、三明治等等，咖啡的選擇也是較為大眾化的一般豆子。經過三年的經營，客源亦逐漸穩定，才搬到目前的自家店面。

　　開店至今第六年，也從原來的中深焙豆子，在發現淺焙的豆子原來有那麼多的豐富性與變化性之後，逐漸做出階段性的轉型。採取的是兩種並行的方式，也就是大部分客人喜歡的味道，加上少部分自己喜歡的味道，再慢慢讓客人嘗試他自己喜歡的味道，並得到客人的認同。當客人喝習慣了，也了解二者之間的差異，多半覺得淺焙的也不錯，尤其還能喝到更多的風味，慢慢就會做出取捨。到現在，經營方式已經純粹以咖啡為主，再搭配幾樣自製的甜點，走的是以淺焙與極淺焙的單品咖啡為主體的酸咖啡風味。

DATA
地址：台中市豐原區西安街95-5號
營業時間：12:30～22:00（週二公休）
聯絡電話：（04）2522-2005

　　目前全台灣專門做淺焙賣淺焙咖啡的店家雖然愈來愈多，但相對於中深焙的咖啡店，還是少數。以咖啡葉的現況而言，附近方圓一公里內約有12、3家咖啡店，但專賣淺焙咖啡的卻只有咖啡葉。客群三分之一是本地人，三分之二來自外地，而外來顧客比較願意嘗鮮的特質，也讓淺焙咖啡更有發展的空間。

　　「有時候，不是我們咖啡沖太淡，是大家都喝太濃」，這是咖啡葉的slogan之一。強調專賣酸咖啡，而且直接把「酸咖啡專賣店」六個字清楚印在名片上的，在業界應是第一人！葉世煌非常清楚，自己賣的酸咖啡跟以往大家喝到的酸咖啡是完全不同的東西。他有信心會有愈來愈多客人願意嘗試，並且接受他做的酸咖啡，而事實證明，他的確做到了。

獨一無二的點餐模式

　　「全世界有那麼多來自不同產區、不同品種與不同處理方式的咖啡，各自擁有不同的風味，但我們對味覺的記憶點無法停留那麼久，所以如果能在同一時段喝到幾支不同的咖啡，就能輕易分辨出其中的差異，感受不同的咖啡風味與特色。」

　　葉世煌為了讓更多客人都能享受到這種樂趣，於是率性的在菜單上提供幾種不同的點餐方式與組合。譬如「咖啡任意喝」是以不到兩百元的價格就能不限杯數、不限品項，喝到多支不同的咖啡。由於咖啡葉主要供應淺焙與極淺焙咖啡，淡咖啡層次分明，同時保有果香味，雖不若深焙咖啡濃郁醇厚，但相對的口感清爽，喝起來毫無負擔，因此一次喝個5、6支咖啡的客人也所在多有。

　　如果只是想單純享用一種咖啡，選擇「自選咖啡」，除了供應一杯熱咖啡，還附贈一杯冰咖啡，讓客人在「品嘗冰咖啡的香氣、味道和層次之外，還能先清除口中殘留的味道，讓味蕾更敏銳……」這樣的消費也才需要130元，真是物超所值，價值遠遠超越價格。

　　這樣的點餐方式堪稱創舉，不論是一冷一熱的選項，還是多方嘗試多支不同咖啡的「咖啡任意喝」，都能帶動客人多多接觸淺焙咖啡，進而對淺焙咖啡有更多的認識與了解，這也是葉世煌開店初始，面對市場區隔的問題時所規劃的經營方式。此外，徵詢客人喜好，為客人量身沖煮一杯濃淡適宜、口感豐富的好喝咖啡，也是咖啡葉開業至今的待客之道。

咖啡葉的開店哲學

　　以碗盛裝咖啡也是咖啡葉的特色之一。葉世煌表示，用碗喝咖啡不是耍帥或搞噱頭，主要是用來試咖啡。因為碗口寬度夠寬，適合用來觀察色澤與油脂的分布，而且看得出透亮度與分層的狀況。

　　在以前多為中深焙市場的年代，淺焙咖啡相對顯得獨特，如今愈來愈多消費者關注在淺焙咖啡這個領域，願意嘗試與接受。咖啡葉的酸咖啡專賣店已經打出名號，在業界有一席之地。然而，經營一家店必須迎合很多客人的喜好、兼顧不同顧客的需求，所以

店裡也有近二成的中深焙咖啡豆供客人選用。目前店內共有4、50支咖啡豆,包括10支左右的中焙與中深焙咖啡豆,配方豆的部分僅限於義式咖啡。把豆子放在玻璃罐中讓客人隨意比較、選擇,這種開放的方式,對客人來説也是一種有趣的體驗。其他還有自製的甜點、蛋糕,品質都很上乘,咖啡檸檬片、抹茶乳酪、起士蛋糕……,品項不多,但樣樣經典。

　　咖啡本身是很有趣的東西,不僅手沖咖啡可以運用的條件很多,即使只是喝咖啡這件事,也有許多值得學習、探究的地方。「但很多人在學咖啡的過程中很容易被一些條件、數字給框住,譬如一定要多少的粉水比、豆子一定要磨多粗或多細…」或者喝到清爽甘甜、口感近似茶飲的咖啡時,反應竟是:「不夠濃,一點都不像咖啡…,這就是被以往對咖啡的既定印象給局限了。」其實咖啡豆一經採收,就一直在變化,因此關於咖啡豆的數字都是僵固的,只是輔助我們去認識咖啡的參考而已。「我們更應該思考的是,如何呈現一杯咖啡的整體風味?如何傳達豆子的特色?以及想帶給客人的,到底是什麼?」

　　誠如葉世煌所説,喝咖啡是一種生活習慣。習慣了,就能形成一種生活型態,融入日常生活之中。他想做的是,提供一個舒適、讓人放鬆的環境,以及有品質的好的咖啡,讓來到咖啡葉的客人都能盡情享受一杯咖啡的寧靜時光,了解不同咖啡在風味上的變化,並得到適度的充電與休息,這就是葉教授最衷心的期盼。

職人的咖啡館

Peace & Love Café
時尚現代的複合式咖啡館

DATA

地址：新北市新店區民權路42巷18號
營業時間：09:00～21:00
聯絡電話：（02）7730-6199

　　從11年前在景美開了第一家店Jim's Burger & Café之後，簡嘉程以穩定又有效率的節奏，陸續在木柵與新店，分別開設了Coffee88以及Peace & Love兩家各具特色的咖啡店。Jim's Burger & Café主要經營的是早午餐，咖啡種類多屬於較為濃烈的醒腦型咖啡，口味比較濃郁、強烈、厚重，但仍帶有些許精緻型的花香味，一大早喝到這種咖啡就很提神、很high，一整天都能充滿活力與幹勁！

咖啡冠軍的第三家店

　　Coffee88的屬性則設定在社區型的咖啡館。因地域性的關係，固定會有一部分社區型的客人。豆子的烘焙度屬於中焙，不酸不苦還帶著微微的甜，喝起來舒舒服服的，有一種清新的幸福感，很適合早晨散完步後的飲品。加上店狗Ohya的真心守護，不知不覺也有了一批忠實顧客，讓這棟二層樓的溫馨小棧更增添許多溫暖和樂的氣息。

　　至於開店逾兩年的Peace & Love，是目前占地最廣的一家。當初地點會選在新店，主要是以

「烘焙廠」的概念來考量，開店反而不是主要的想法。因為開始做咖啡豆販售的業務之後，需要一個可以容納並儲存咖啡豆的地方，這裡便符合這樣的條件。加上後有科學園區、鄰近捷運站、又是個住宅密度較高的區域，簡嘉程和太太沒考慮太多就決定再開這家Peace & Love。

目前Peace & Love總共有七位咖啡師，輪流排班，隔壁是烘焙廠，地下室則是員工休息與訓練的地方，營業空間大約160坪，前後都有陽台與座位區，是一個可以讓人休息、舒壓的空間。「其實Peace & Love是1960年代的嬉皮口號，強調愛與和平、崇尚自然。這種精神，就是我們要的指標。」

高CP值的複合式精緻餐飲空間

一踏上Peace & Love大門外的木質階梯，一旁南洋風的木造座椅就先營造出休閒的氣氛，店招不大也不明顯，不仔細看還不容易找得到。一走進店裡，開闊的視野、明亮的空間與現代化的設計，讓人眼睛一亮！井然有序的咖啡沖煮器具陳列櫃、一張至少可容納十個人的長型大木桌同時映入眼簾，往內走則分別是一般座位區與沙發區。走到後陽台又是另一番風景，寬敞舒適的空間，陽光普照的日子裡，可以在這裡盡情享受美好的午後時光，又不用怕會被曬昏曬黑。店裡的餐點也很到位，廚師精湛的手藝，是網友心目中CP質很高的複合式咖啡店。

Peace & Love Café供應的餐點類型，包括選擇豐富的全天候早午餐、各類義式與單品咖啡，以及可可、抹茶與法式香頌茶等多種飲品。簡嘉程推薦店內的卡布奇諾，是將義式機一次煮出的兩杯espresso，分別加入不同分量的牛奶，呈現出不同口感。大杯的牛奶較多，口感滑順；小杯則表現出義式咖啡的濃郁焦香。另外也值得推薦的是「荔枝冰咖啡」，荔枝果漿與咖啡的神奇搭配，荔枝的甜香與咖啡的明亮酸質，喝起來格外爽口。

簡嘉程對於展店有他完整的想法與規畫，「我想做的是比較精緻型的咖啡店，不是單賣咖啡而已，販售的是一處空間、一個場所、一種氛圍。來到這裡，可以同時擁有視覺、聽覺、味覺與嗅覺的多重享受，著重的是整體的行銷與銷售模式，咖啡只是較著重的其中一環。」簡嘉程的未來，還充滿著許多機會與可能性，我衷心期盼他的第四家、第五家咖啡店……。

Tiamo®

電熱水壺1.7L
電細口壺1.0L

- 五段溫度設定設計
- 具保溫功能
- 加熱速度快
- 304不鏽鋼壺身
- 造型優美典雅，呈現精緻的質感

手沖咖啡、杯測及泡茶的好幫手!!

(HG2449)

(HG2450)

Tiamo® 禧龍企業股份有限公司

地址：桃園市平鎮區陸光路14巷168號
E-mail：enquiry@ciron.com.tw

電話：(03)420-0393(代表號)
http://www.tiamo-cafe.com.tw

傳真：(03)420-0162
www.ciron.com.tw

地址： 縣/市　　鄉/鎮/市/區　　路/街

段　巷　弄　號　樓

廣 告 回 函
台北郵局登記證
台北廣字第2780號

三友圖書有限公司 收
SANYAU PUBLISHING CO., LTD.

106　台北市安和路2段213號4樓

親愛的讀者：
感謝您購買《咖啡沖煮大全：咖啡職人的零失敗手沖祕笈》一書，為回饋您對本書的支持
與愛護，只要填妥本回函，並於2016年6月3日前寄回本社（以郵戳為憑），即有機會抽中
「Tiamo滴漏式細口壺0.7L」乙個（共1名）。

姓名＿＿＿＿＿＿＿＿＿＿＿＿　出生年月日＿＿＿＿＿＿＿＿＿＿＿＿＿＿＿＿＿
電話＿＿＿＿＿＿＿＿＿＿＿＿　E-mail＿＿＿＿＿＿＿＿＿＿＿＿＿＿＿＿＿＿
通訊地址＿＿＿＿＿＿＿＿＿＿＿＿＿＿＿＿＿＿＿＿＿＿＿＿＿＿＿＿＿＿＿＿
臉書帳號＿＿＿＿＿＿＿＿＿＿＿＿＿＿＿＿＿
部落格名稱＿＿＿＿＿＿＿＿＿＿＿＿＿＿＿

1 年齡
□18歲以下 □19歲～25歲 □26歲～35歲 □36歲～45歲 □46歲～55歲
□56歲～65歲 □66歲～75歲 □76歲～85歲 □86歲以上

2 職業
□軍公教 □工 □商 □自由業 □服務業 □農林漁牧業 □家管 □學生
□其他＿＿＿＿＿＿＿＿＿

3 您從何處購得本書？
□網路書店 □博客來 □金石堂 □讀冊 □誠品 □其他＿＿＿＿＿＿＿＿
□實體書店＿＿＿＿＿＿＿＿

4 您從何處得知本書？
□網路書店 □博客來 □金石堂 □讀冊 □誠品 □其他＿＿＿＿＿＿＿＿
□實體書店＿＿＿＿＿＿＿＿ □FB(微胖男女粉絲團-三友圖書)
□三友圖書電子報 □好好刊(雙月刊) □朋友推薦 □廣播媒體＿＿＿＿＿＿＿

5 您購買本書的因素有哪些？（可複選）
□作者 □內容 □圖片 □版面編排 □其他＿＿＿＿＿＿＿＿＿

6 您覺得本書的封面設計如何？
□非常滿意 □滿意 □普通 □很差 □其他＿＿＿＿＿＿＿＿＿

7 非常感謝您購買此書，您還對哪些主題有興趣？（可複選）
□中西食譜 □點心烘焙 □飲品類 □旅遊 □養生保健 □瘦身美妝 □手作 □寵物
□商業理財 □心靈療癒 □小說 □其他＿＿＿＿＿＿＿＿＿＿＿＿＿＿＿＿＿

8 您每個月的購書預算為多少金額？
□1,000元以下 □1,001～2,000元 □2,001～3,000元 □3,001～4,000元
□4,001～5,000元 □5,001元以上

9 若出版的書籍搭配贈品活動，您比較喜歡哪一類型的贈品？(可選2種)
□食品調味類 □鍋具類 □家電用品類 □書籍類 □生活用品類 □DIY手作類
□交通票券類 □展演活動票券類 □其他＿＿＿＿＿＿＿＿＿

10 您認為本書尚需改進之處？以及對我們的意見？
＿＿＿＿＿＿＿＿＿＿＿＿＿＿＿＿＿＿＿＿＿＿＿＿＿＿＿＿＿＿＿＿＿＿＿

感謝您的填寫，
您寶貴的建議是我們進步的動力！

本回函得獎名單公布相關資訊
得獎名單抽出日期：2016年6月16日
得獎名單公布於：
臉書「微胖男女編輯社-三友圖書」：https://www.facebook.com/comehomelife/
痞客邦「微胖男女編輯社-三友圖書」：http://sanyau888.pixnet.net/blog